Gegrafias

IMPRENSA DA UNIVERSIDADE DE COIMBRA
COIMBRA UNIVERSITY PRESS

VIAJANDO POR ANGOLA EM 1969

Caderno de campo de um geógrafo:
transcrição, ilustração, notas e comentários

FERNANDO REBELO

EDIÇÃO

Imprensa da Universidade de Coimbra
Email: imprensa@uc.pt
URL: http//www.uc.pt/imprensa_uc
Vendas online: http://livrariadaimprensa.uc.pt

COORDENAÇÃO EDITORIAL

Imprensa da Universidade de Coimbra

CONCEÇÃO GRÁFICA

António Barros

IMAGEM DA CAPA

Miradouro da Lua (Angola)
By Paulo César Santos (Paulo César Santos) [CC0], via Wikimedia Commons

PRÉ-IMPRESSÃO

Mickael Silva

PRINT BY

CreateSpace

ISBN

978-989-26-1118-1

ISBN DIGITAL

978-989-26-1119-8

DOI

http://dx.doi.org/10.14195/978-989-26-1119-8

DEPÓSITO LEGAL

406178/16

SUMÁRIO

VIAJANDO PELAS MEMÓRIAS DE UM GEÓGRAFO SINGULAR

Quem teve o privilégio de conhecer o Prof. Doutor Fernando Rebelo e de privar mais de perto com a sua profícua atividade não pode deixar de reconhecer que se tratava por certo de uma personalidade singular, tanto na esfera das relações pessoais como no âmbito da docência e da investigação. Apesar de não ter sido seu aluno, recordo ainda assim as assíduas conversas do mais variado tipo com que gentilmente nos brindava, mesmo quando as incumbências de Vice-Reitor e de Reitor da Universidade de Coimbra lhe deixavam muito pouco tempo para outros pensamentos que não os que derivavam do exercício desses exigentes cargos. Dessa troca de impressões ficava sempre a clara sensação de se traduzirem num convite para embarcarmos em viagens mais longas por ideias, programas de atuação, aventuras de espírito, mas também por simples deambulações através de paisagens de deleite e de pura fruição.

Que a coordenação da nova série *Geografia(s)* tenha optado por dedicar o seu Número Zero, com a simbólica carga que sempre acompanha um volume preambular, a um livro da autoria do Prof. Doutor Fernando Rebelo é por certo uma escolha muito feliz e acertada. *Viajando por Angola. Caderno de campo de um geógrafo* apresenta aos leitores a revisitação de uma dessas míticas viagens, que o autor quis propor à Imprensa da Universidade de Coimbra, editora em cuja refundação se envolveu, de forma tão determinante e empenhada. Infelizmente, a morte extemporânea iria impedi-lo de ver a publicação tornar-se realidade, mas possa ao menos agora honrar a memória de um académico e amigo singular, inspirando nos seus colegas, antigos discípulos e leitores essa mesma irreprimível paixão pelos encantos da Geografia.

Delfim F. Leão
Diretor da Imprensa da Universidade de Coimbra

Num dos últimos dias do final do mês de julho de 2014 e numa das últimas conversa que tivemos, antes do seu falecimento, o saudoso Professor Fernando Rebelo deu-me a conhecer a sua intenção de editar o Caderno de Campo da viagem efetuada a Angola em 1969, que já tinha entregue para ser publicado pela Imprensa da Universidade de Coimbra.

Falou-me dele com grande entusiasmo, não tanto por se tratar de um importante trabalho científico, mas sobretudo por lhe recordar uma viagem da sua juventude e que o marcou, de forma indelével, para o resto da sua vida, ao ponto de entender dá-lo à estampa, passados todos estes anos, com os apontamentos que tomou durante essa viagem, acrescentando-lhe algumas notas e comentários.

Tinha plena consciência de que a divulgação destas notas, como lhe chamou, tinham alguma importância, principalmente dos pontos de vista histórico e didático-pedagógico, reconhecendo que para um maior interesse, do ponto de vista científico, seria necessário fazer uma atualização dessa viagem, tanto mais que, desde 1969, decorreram 45 anos, durante os quais muitas coisas tinham mudado em Angola.

Todavia, a inexistência dessa atualização não retira mérito a esta edição, pois o interesse da viagem científica realizada em 1969 ainda é relevante, sob diferentes aspetos e perspetivas no contexto da Geografia portuguesa e, em particular, da área da Geografia Física, não só tendo em consideração os seus objetivos, mas também, e em particular, atendendo ao destino e, sobretudo, à época em que decorreu, com muitas informações sobre o vasto território percorrido, que interessam tanto às Ciências da Terra como às Ciências Sociais, quase sempre complementadas com desenhos e fotografias.

Esta viagem integrou-se na chamada "Geografia Tropical" ou "Geografia das Regiões Tropicais", ao tempo muito em voga, compreensivelmente, disciplina que se manteve nos planos curriculares dos cursos de geografia até finais do século XX, pois trata-se duma região geográfica que foi merecedora de muita atenção, ao ponto de ainda persistir o Instituto de Investigação Científica Tropical (IICT), um organismo que se dedica à investigação científica tropical nas áreas das Ciências Humanas e Naturais e que é o mais antigo organismo português dedicado à investigação e ao saber tropical, que remonta a 1883, quando foi criada a Comissão de Cartografia que esteve na origem deste Instituto e onde se podem encontrar muitas obras que abordam temáticas análogas às tratadas neste Caderno.

Os, entretanto criados, "Centros de Estudos Africanos" dos Instituto Universitário de Lisboa, Instituto Superior de Ciências Sociais e Políticas, ou da Universidade do Porto, a par de unidades curriculares existentes em licenciaturas e mestrados de diversas universidades, bem como de Congressos e de diversas publicações, periódicas ou não, dedicadas a "Estudos Africanos" têm vindo a dar a conhecer ou a atualizar e divulgar diferentes aspectos relativos à ciência e à cultura africanas, ainda que não tanto ao território descrito neste Caderno de Campo, pelo que também por isso se justifica a sua edição.

Fernando Rebelo pretendia que este fosse um livro despretensioso, sem outros objetivos que não fossem os de divulgar uma viagem realizada num contexto bem diferente daquele em que decorrem as atuais e quase inexistentes viagens de estudo em Geografia, pelo que não deve esperar-se encontrar a tal atualização que, embora gostasse de a ter realizado, repetindo a viagem, admitiu não ter condições para a fazer e, por conseguinte, decidiu ficar-se apenas pela divulgação das notas que então escrevera e que já não teve o ensejo de ver publicadas.

Sucedeu também, que no início do corrente ano letivo, encetámos um processo de colaboração com a Imprensa da Universidade de Coimbra, com vista à criação de uma série dedicada à Geografia e, no entendimento da Comissão Científica do Departamento de Geografia, este Caderno de Campo pareceu adequado para fazer o lançamento desta Série, como n.º 0, posto que não lhe restaram dúvidas sobre o interesse da publicação deste tipo de materiais, os cadernos de campo, tão caros aos geógrafos. É neles que, em pleno campo e através de breves notas e de simples esboços, se registam as observações que mais marcam as variadas paisagens que se observam e que se guardam deste modo simples, para, mais tarde e tranquilamente, em gabinete, se poderem organizar, a fim de serem dadas à estampa em livros e artigos científicos.

Entre nós, os Cadernos de Campo mais conhecidos e divulgados são os dum conceituado geógrafo português que, com outros ilustres geógrafos, também participou nesta viagem e cujos nomes vão sendo referidos ao longo do trabalho, o que não dispensaria uma lista que incluísse os nomes de todos os participantes, mas que não existe, muito provavelmente porque não foi recolhida na altura e, 45 anos depois, teria sido muito difícil a sua completa reconstituição. Voltando ao autor dos Cadernos de Campo, referimo-nos naturalmente a Orlando Ribeiro, que produziu uma importante coleção, constituída por 63 volumes, resultantes das viagens que realizou entre 1932 e 1985 (http://www. orlando-ribeiro.info/cadernos/index.htm).

Devido ao prematuro falecimento do Doutor Fernando Rebelo, ainda antes da obra se encontrar paginada, coube-nos, na qualidade de Diretor de Departamento de Geografia, dar sequência a esta publicação, designadamente assumindo a formatação e a revisão das provas, esperando não ter desvirtuado a ideia original do autor e, sobretudo, com a expectativa de que ela venha a ser útil aos estudantes, enquanto verdadeiros "aprendizes de geógrafos" no sábio dizer de Alfredo Fernandes Martins, meu ilustre professor de Geografia das Regiões Tropicais.

Goulinho, 10 de fevereiro de 2015.

Luciano Lourenço

Que interesse poderá ter a publicação de um *Caderno de Campo* 45 anos depois da viagem de estudo a que corresponde?

Pode considerar-se já muito antiga a ideia de publicar o *Caderno de Campo* da viagem a Angola que, por convite do Centro de Estudos Geográficos de Lisboa tive a oportunidade de fazer em 1969, com um grupo de professores e estudantes finalistas de Geografia, quando estava quase a terminar o tempo de serviço militar obrigatório. A verdade, porém, é que havia sempre algo mais urgente. Era a vida familiar, eram as aulas, era a investigação, primeiro para o Doutoramento, concluído em 1975, e depois para progressão na carreira. Mas eram também os vários cargos que ia ocupando, inicialmente só na Faculdade de Letras, em Coimbra, mais tarde também no Instituto Nacional de Investigação Científica, em Lisboa, e na Reitoria da Universidade de Coimbra, sempre em acumulação com as tarefas docentes e de investigação. E eram ainda as múltiplas deslocações em serviço e algumas viagens de estudo ou de férias. Em resumo, só muito recentemente, após a jubilação e uma ocasional leitura do texto, se reavivou a velha ideia de publicar o *Caderno de Campo*.

Será que ainda pode servir a alguém este conjunto de observações e informações recolhidas há 45 anos sobre um território que tanto mudou? Creio que sim. Há temas e problemas que podem ajudar a compreender não só o que se estava a passar naquele momento histórico, como parte do que entretanto aconteceu, mas há igualmente matéria científica para, na simplicidade da sua apresentação, permitir reflexões sobre o que os portugueses perderam com a passagem para segundo plano dos estudos tropicais. Naquilo que se sobrevaloriza como global, destacando o espaço indiferenciado dos dados e seu tratamento estatístico, desapareceu quase por inteiro o espaço diferenciado dos geógrafos, o espaço real, com os seus climas, espécies vegetais e animais, os seus processos erosivos específicos, mas também os seus povos, com as suas culturas próprias, línguas e tradições.

É certo que o texto que se dá a conhecer resulta de observações feitas por quem tinha conhecimentos teóricos na área da Geografia das Regiões Tropicais, graças às aulas de Alfredo Fernandes Martins e Lucília de Andrade Gouveia, bem como nas áreas de Etnologia Geral e Etnologia Regional, graças às aulas de Fernando Pacheco de Amorim. Mas numa viagem de 3000 km de camioneta em cerca de 15 dias, as observações tinham de ser, por vezes, muito rápidas e o tempo nunca parecia o suficiente para as entrevistas que procurava fazer. Além de observações e entrevistas, havia também informações que recolhia, quer de colegas de viagem, especialmente de Ilídio do Amaral, que a dirigiu magistralmente, quer de outros, como Orlando Ribeiro, Suzanne Daveau, Viegas Guerreiro ou, já na parte final, Lucília Gouveia, mas também de funcionários superiores de várias instituições, empresas agrícolas ou industriais que visitámos.

O leitor não deverá esperar pela precisão de um tratado. Mas poderá ficar com uma ideia aproximada do que é a Geografia Física de uma parte significativa de Angola, bem como com alguns apontamentos sobre a Geografia Humana que lhe correspondia naquele ano de 1969. E poderá entrar no ambiente de uma viagem de estudo, que de modo algum se pode confundir com uma excursão ou um passeio. Aliás, a leitura do *Caderno de Campo*, tantos anos depois de o ter escrito, fez-me recordar o cansaço do viajante depois de ter deixado para trás o deserto, como se ele fosse o principal objetivo da viagem. Para o regresso a Luanda há muito menos texto, por vezes, há até dificuldade em descobrir qual foi o caminho seguido entre uma e outra cidade do percurso.

Esta publicação, inédita, que transcreve apontamentos (a itálico) e revela desenhos, frequentemente autênticos rabiscos, com anotações, nunca antes mostrados, é enriquecida com fotografias então tiradas, poucas das quais fizeram parte de apresentações em aulas ou conferências. Se tenho de agradecer aos colegas do Centro de Estudos Geográficos que me convidaram para os acompanhar e muito especialmente a Ilídio do Amaral, com quem muito aprendi, também tenho de agradecer ao meu irmão, Jorge Rebelo, que me emprestou a máquina fotográfica, bem melhor do que a minha nessa época, e a minha mulher, Maria de Lourdes Rebelo, que compreendeu a importância para a minha formação geográfica daquela demorada viagem por terras africanas.

Fernando Rebelo

21 de maio de 2014

As primeiras impressões da viagem foram muito pessoais, porque vividas a sós, num avião onde praticamente todos dormiam. Escritas calmamente, no próprio dia, no quarto do hotel em Luanda, nada têm de semelhante ao que virá depois, com apontamentos tirados dentro da camioneta em andamento ou fora dela, a pé, numa saída para observar a paisagem ou a barreira de estrada ou, ainda, para falar com alguém em conversa livre ou em inquérito orientado. Trata-se de apontamentos a que se acrescentam alguns croquis e esquemas elaborados quase sempre no campo, tal como um bom número de fotografias que ainda foi possível recuperar 45 anos depois.

Excetuando os apontamentos iniciais relativamente à viagem aérea, encontram-se lado a lado observações exclusivamente pessoais e informações recebidas e logo resumidas e adaptadas, principalmente, de Ilídio do Amaral, mas também de Orlando Ribeiro, Suzanne Daveau, Viegas Guerreiro ou Lucília Gouveia.

As primeiras impressões em terra firme foram recolhidas em Luanda. Mas a "verdadeira África" foi aparecendo quando a viagem avançou na direção de Malanje. A paisagem africana, fosse no conjunto das grandes extensões aplanadas, cultivadas ou não, fosse nos pormenores de uma escarpa, de um vale ou de um solo com termiteiras, fosse ainda nas ruas largas de um pequeno espaço urbano ou nas casas de adobe ou de madeira de uma sanzala, era fortemente contrastante com as paisagens conhecidas no território português continental. Uma volta a partir de Malanje permitiu ver as quedas de água do Rio Lucala, então chamadas "do Duque de Bragança".

De Malanje ao Huambo muito foi visto, mas igualmente vivido. Na verdade, falar com as pessoas mais do que até aí tinha sido possível foi uma experiência notável. Grandes realizações agrícolas europeias, como a do Colonato da Cela, deixavam já antever um desfecho semelhante ao que acontecera noutros países africanos, quando foram adotados sistemas culturais de tipo europeu, como, por exemplo, na Nigéria ou no Uganda (1).

Do Huambo ao Deserto do Namibe as paisagens observadas foram as mais contrastantes de todas. Desde os planaltos, alguns acima dos 2000 metros de altitude, às escarpas vertiginosas, algumas com mais de 1000 metros de desnível, desde a savana à estepe, e por fim o deserto, com a possibilidade de viver a experiência de uma miragem.

O regresso a Luanda já não foi tão emocionante, mas ainda permitiu rever algumas paisagens e ver outras com grande interesse, tanto no respeitante à ocupação humana, em especial o caso do Lobito, como à beleza natural, particularmente, o caso das "cachoeiras" do Rio Queve.

A viagem por terra terminou em Luanda, onde também se viajou por mar com a finalidade de observar a paisagem do Mussulo.

Nota

(1) Pierre Gourou (1966) dizia expressamente: "L'entreprise de colonisation motorisée de Mokwa (Nigeria), menée de 1949 à 1954, fut un complet échec"(p. 242). Antes, tinha apresentado um exemplo bem concreto: "Alors qu'en pays teso (Uganda), il y avait, en 1923, 282 charrues, leur nombre s'élevait à 15 388 en 1937 sans aucun progrès des rendements" (p. 236). Depois, era taxativo: "Le tracteur à lui seul ne résout rien; la 'tractorite' est une maladie fatale au progrès" (p. 243).

CAPÍTULO I
INÍCIO DE UMA GRANDE VIAGEM

I – Início de uma grande viagem

Comentários iniciais:

Tratou-se de um batismo de voo. Efetivamente, foi a minha primeira viagem de avião aquela que fiz no voo TAP Lisboa-Luanda, de 7 de Agosto de 1969, com partida à 01.30 e chegada às 10.30 h. Era uma viagem demorada, porque feita ao longo da costa africana, no Boeing 707, "Santa Cruz", devido, segundo se dizia, ao impedimento de travessia do espaço aéreo dos países africanos por aviões portugueses. Dessa viagem ficaram vários apontamentos no *Caderno de Campo*.

Tanto neste como nos capítulos seguintes, publica-se, em itálico, a transcrição "tal e qual" do que se encontra no Caderno, apenas, por vezes, com um ordenamento ligeiramente diferente e a introdução de uma ou outra palavra, quase sempre um tempo verbal que faltava para fazer ligações ou melhorar frases. Pareceu também importante utilizar os nomes atuais das cidades e vilas, tal como a ortografia segundo o "novo acordo ortográfico". Para ilustrar algumas observações optou-se pela publicação dos cortes geológicos e perfis topográficos, ou dos "croquis" de localização, quase sempre esquemáticos, regra geral, feitos no campo.

1. Turbulências

Pequenas turbulências na subida.
Pequenos "balouços" por várias vezes:

*- em alguns casos viam-se cirros (2) que se atravessavam ou se dirigiam
em sentido contrário.*

*Forte turbulência, com três grandes "sacões" e vários pequenos abanos,
sensíveis para a maior parte dos passageiros, que acordaram, cerca das 05.30
(área de Cabo Verde?) – provavelmente terá sido a passagem pela CIT (3).*

Comentário:

No meu caso, ia começar a beber café. Saltou todo com o primeiro dos
"sacões".

2. Sistemas de nuvens

*Antes de amanhecer: grandes faíscas à distância, provavelmente, na
área da Serra Leoa.*

*No início do dia, observam-se nuvens a vários níveis, com predomínio
das de nível baixo.*

Formas muito complexas, no mesmo sistema:

- onduladas
- justapostas, sem solução de continuidade
- cores muito claras, quase brancas

Sistemas de nuvens bem definidos

*- um sistema compacto com limite sinuoso, deixando como que um
rio azul até outro sistema de nuvens isoladas como blocos de algodão.*

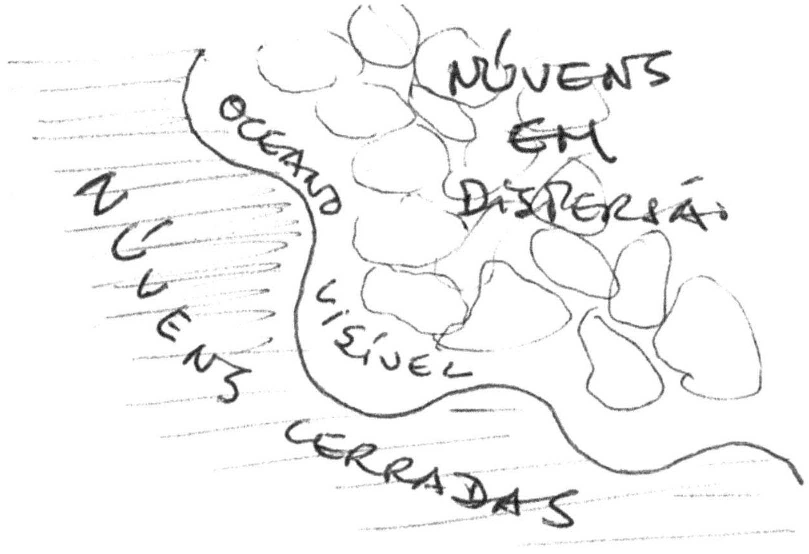

Figura 1 – Local de observação: algures no Golfo da Guiné, a sul do Equador, atendendo à hora (cerca das 8 h da manhã).

3. Vista aérea de Luanda

Comentário:

Tem de se salientar que o texto a seguir corresponde à apreciação de um jovem geógrafo, vivendo em Lisboa já há quase dois anos, que nunca tinha viajado para fora dos limites de Portugal continental. Ao longo da vida, considerações deste género desapareceram. Tudo quanto possa ser objeto de estudo geográfico é para mim algo de interessante, embora um certo sentido estético, ganho através da leitura e da observação de obras de arte, me levem, por vezes, a conclusões com interesse aplicado ao turismo.

Choque tremendo. Tudo plano, vermelho.
Novo choque – os muceques, com as casas muito iguais, sujas, emer-
gem do chão vermelho com poucas árvores.

A cidade está escura, não há sol. Os edifícios maiores aparecem semeados na zona das casas baixas, feias, com aspeto sujo. As grandes linhas de circulação visíveis dão aspeto de monotonia, largas, paralelas e perpendiculares, todas iguais.

Concluindo – vista do ar, num dia sem sol, a cidade é feia. No entanto, a baía é bem desenhada e a ilha com a vegetação que se adivinha parece ser um belo recanto.

4. Dois dias a percorrer Luanda

Comentário:

Sobre a estadia em Luanda, que correspondeu ao dia da chegada e ao dia seguinte, o *Caderno de Campo* apenas se limita a dar títulos, não tendo sido registados quaisquer pormenores. Mas ficaram algumas lembranças.

Os dois primeiros títulos são Aeroporto e Fortaleza de São Miguel. Correspondem à parte da manhã do dia da chegada. Os três que se lhes seguem são Barrocas, Muceque e Ilha, correspondendo à parte da tarde do mesmo dia. Para a noite, e a noite caía cedo, com um curto crepúsculo a separá-la do dia, como é típico da zona intertropical, creio que por volta das seis da tarde, ainda dois títulos: Vista noturna do conjunto e Baixa. Relativamente ao dia seguinte, para a parte da manhã, há referências ao Mercado, ao Mercado Indígena e à Universidade, enquanto para a parte da tarde as indicações são Museu de Angola, Banco Comercial de Angola e Reordenamento Populacional.

Recordando a Luanda de 1969

O Aeroporto era pequeno e dele nenhuma recordação ficou. Em contra-partida, recordo a Fortaleza de São Miguel, que tinha alguma imponência e parecia continuar a sua velha dominação sobre a cidade baixa, a baía e o porto.

As Barrocas de Luanda (4) eram famosas pelos problemas que causavam, principalmente, em época de chuvas. A recordação que delas ficou foi a da instabilidade que estavam a criar a vários prédios e a um cinema ao ar livre. Grandes ravinas, para uns, barrancos para outros, talvez voçorocas para brasileiros (5), funcionavam violentamente com as fortes chuvadas tropicais, recuando cabeceiras e originando deslizamentos e desabamentos laterais, que muitas vezes levavam consigo muros e casas. Em plena época dita seca, evidentemente, não as vimos em funcionamento.

Não me lembro do nome do Muceque que visitámos, mas lembro-me de ruas muito estreitas, casas construídas de modo precário, gente pobre, muitas crianças e de um episódio que muito me impressionou. Íamos em grupo, embora não fosse o grupo todo. Uma senhora africana, que aparentava mais de 60 anos de idade, olhou para nós com ar de raiva, entrou em casa e atirou violentamente com a porta. O que estaria na base daquela atitude? Não era difícil de imaginar. A guerra de libertação tinha começado em 1961 na cidade de Luanda (6).

A Ilha foi uma surpresa. Tinha ouvido vários colegas referirem-se à Ilha de Luanda como uma verdadeira maravilha e, na realidade, vista do ar, essas referências pareciam confirmar-se. Mas não. Os coqueiros estavam lá, mas o arranjo urbanístico, naquela época, era mínimo. O tempo nebuloso e o mar escuro também não ajudavam. Não era tempo de praia, talvez no impropriamente chamado verão, ou seja, na época das chuvas, daí a dois ou três meses, com mais calor, tudo fosse diferente, mas nunca "paradisíaco" como me chegara a ser dito.

No entanto, a vista de Luanda à noite era bonita. As luzes da marginal a espelharem-se na baía ofereciam um cenário agradável, como, aliás, os postais ilustrados se encarregavam de salientar. As ruas da Baixa e de uma parte da Alta, com o movimento de automóveis e autocarros ("machimbombos"), com os anúncios comerciais, alguns a acender e apagar, transmitiam uma certa alegria. Era uma cidade francamente europeia.

O Mercado de Luanda era semelhante a todos os mercados urbanos que eu já conhecia, apesar da venda de produtos tropicais que, no território continental, à exceção da banana, eram raros; encontravam-se à venda em muito poucas frutarias, normalmente a preços proibitivos para a maioria da população.

Mas o mercado indígena que visitámos foi, em certa medida, uma grande novidade. Ouvi algumas vezes falar dele, mas vê-lo foi diferente. A cor dominava nas roupas e nos sacos, As pessoas eram muitas, já tinha ouvido Alfredo Fernandes Martins comparar alguns mercados de pequenas vilas portuguesas com mercados africanos – muita gente, cada vendedora com pequenos sacos de produtos, às vezes com curiosidade de ver o que as outras traziam, cada compradora procurando aqui e ali, falando, discutindo preços, demorando a decidir-se. Se a ida a um mercado em Portugal se podia transformar num longo entretenimento para terminar com poucas compras, ali, como as pessoas eram diferentes e os produtos eram na sua maior parte também diferentes, a novidade era grande. Em vez de pequenos sacos, viam-se cestas e caixas. Muitos produtos estavam em bancas. Havia maiores quantidades de produtos do que num vulgar mercado de uma vila ou aldeia de Portugal (Fot. 1). Tive aí contacto com a venda de produtos que nunca poderia ter imaginado, por exemplo, noz de cola e argila. Sabia por Fernando Pacheco de Amorim (aulas de Etnologia) que em alguns países africanos se mascava cola para substituir a comida que faltava, mantendo a resistência física necessária para caminhar longas distâncias. Comprei um pouquinho para experimentar – custou um escudo – masquei menos de um minuto, achei horrível e deitei fora sem conseguir sequer apreciar o petisco. Quanto à argila, a que vi à venda parecia ter sido amassada à mão. Disseram-me que ajudaria a digerir certos alimentos. Lembrei-me que, dez anos antes, um médico me tinha receitado uns saquinhos de papel com argila com a mesma finalidade. Ao contrário desta, de cor vermelha, a dos saquinhos era branca. Ao contrário desta, claramente preparada à mão, a outra trazia a marca de um reputado laboratório estrangeiro. Tal como a noz de cola, também a argila vermelha custava um escudo a unidade. Mas não a quis experimentar.

Fot. 1 – Mercado indígena em Luanda (8 de agosto de 1969).

Quanto à Universidade, tenho uma vaga ideia de ter falado com um professor, mas não retive rigorosamente nada, nem nome, nem especialidade, nem sequer fiquei seguro de que a Universidade funcionasse mesmo ali (7). Do Museu de Angola e do Banco Comercial de Angola, também nada retive na memória, salvo a vista maravilhosa que este último oferecia desde a Ilha até à Marginal, passando pelo porto, e a oportunidade de ver o contraste entre a Alta e a Baixa de Luanda (Fots. 2 e 3).

A referência a Reordenamento rural estará ligada com a visita a uma instituição oficial onde nos terá sido explicado o que depois viemos a observar no campo e de que adiante se falará.

Fot. 2 – Da Ilha à Marginal, passando pelo porto.

Fot. 3 – Contraste entre a Alta e a Baixa de Luanda.

Notas

(2) Segundo a definição de Ch. P. Péguy (1970), os cirros são "nuages délicats à texture fibreuse, ne donnant pas d'ombres au sol; l'altitude est supérieure à 8 000 mètres" (p. 183).

(3) Ilídio do Amaral (1964) explicava bem o que era a CIT (convergência intertropical) – "convergência dos ventos alísios dos dois hemisférios" (p. 50) e, com base em Watts (1955), mostrava que, nas suas migrações, estaria sobre as ilhas situadas mais a sul de Cabo Verde em julho-agosto (p. 52).

(4) Entre a "Cidade Baixa" e a "Cidade Alta", Ilídio do Amaral (1968) localizava "o abrupto de cerca de 50 a 60 metros de altura, nem sempre uniforme e proeminente, mas intensamente cortado por barrancos (as barrocas) desenvolvidos rapidamente pela erosão" (p. 17); mais adiante (p. 23) há exemplos concretos de funcionamento excecional. O tema veio a ser retomado com grande desenvolvimento, com referência a múltiplas barrocas e a escarpas abarrocadas, sua localização e funcionamento, na revista *Territorium* – Ilídio do Amaral (2002).

(5) Voçorocas ou boçorocas? Em trabalho recente, Archimedes Perez-Filho, um dos grandes estudiosos brasileiros na área das geociências, prefere "voçorocas", mas, na bibliografia, indica um trabalho em que, logo no título, é preferida a grafia "boçoroca" (Archimedes Perez-Filho et al., 2011). São, portanto, aceites as duas grafias.

(6) Nos anos 1960, em Portugal falava-se na "Guerra do Ultramar"; depois de 1974, passou a falar-se mais da "Guerra Colonial". Compreende-se perfeitamente que em Angola se prefira falar de "Libertação Nacional" – "Na madrugada de 4 de Fevereiro de 1961, combatentes do MPLA atacaram um posto de polícia em Luanda e a prisão da cidade para dela libertarem os lutadores pela liberdade. Este ataque anunciou a todo o mundo que o movimento de libertação nacional do povo angolano entrava numa fase nova, a da luta armada" (V. A. Perventsev e V. G. Dmitrenko, 1987, p. 88).

(7) Na verdade, a maior parte da Universidade (Faculdades de Ciências e de Medicina) estava situada em Luanda; só a Faculdade de Letras fora criada em Lubango (antiga Sá da Bandeira) "por o clima ser propício" (Orlando Ribeiro, 1981, p. 175, criticava muito essa decisão).

CAPÍTULO II
DE LUANDA A MALANJE

II – De Luanda a Malanje

Comentário:

A volta por terras de Angola em autocarro de aluguer começou de manhã muito cedo. E os apontamentos começaram a encher o *Caderno de Campo*, com observações pessoais feitas pela janela ou em saídas nas frequentes paragens que fazíamos, mas também com informações dadas por algum dos presentes com conhecimento das diferentes regiões atravessadas, especialmente por Ilídio do Amaral.

1. Luanda-Catete

Luanda-Viana

Paisagem estépica – predomínio do imbondeiro (árvore de tronco largo e ramificação fina).

Fraca densidade de povoamento.

Campo de Instrução Militar do Grafanil (ao lado do caminho de ferro) – pouca vegetação.

A densidade da vegetação começa, depois, a ser maior – há mais tufos verdes com árvores baixas e arbustos.

Areias vermelhas sempre, desde Luanda.

Uma plantação nova a 3 km de Viana, com aspeto cuidado e predomínio de bananeiras.

A vegetação é mais densa – ainda há imbondeiros, mas quase todos com folhas.

Viana

Fundação recente. Jardim agradável.

Estabelecimentos industriais (cerca de 10 fábricas) – um deles Tintas Fercon (empresa de capitais belgas e portugueses).

O caminho de ferro não teve interesse na valorização da área, ao contrário da estrada.

Viana-Ilha

Tufos de vegetação arbustiva com acácias e espinhosas, cajueiros (grande copa, quase até ao chão) e catos candelabro.

Capim – erva seca, cor castanha.

Por vezes, mangueira (árvore introduzida, vinda da Índia).

Grande densidade de vegetação. Nota-se bastante a secura, vegetação amarelada, acastanhada, mas a cor predominante é o verde.

Ao km 30, primeiras grandes árvores: eucaliptos.

Ao km 33, ondulação do terreno – na área mais baixa, uma lagoa, muita vegetação, árvores baixas.

Ao km 40, grande plantação de mandioca.

Ilha

Pequena povoação branca.

Também bastantes habitações de africanos, semelhantes às dos muceques de Luanda, mas cobertas de colmo.

Grandes mangueiras dispersas pelo campo.

Ilha-Catete

Descida para uma depressão de origem tectónica. Observam-se margas.
Ao fundo, vê-se o Rio Quanza.
Muitos catos candelabro e imbondeiros, com frutos (múcua).
Paisagem de imbondeiros em zona de vegetação rasteira.

Catete

Algodão (alguns campos).
Povoação africana, típica, quase abandonada, seguida de um aldeamento com casas pequenas, iguais, cor de rosa, com capela e escola.
Núcleo central europeizado, muito reduzido.
Quase a sair de Catete: vários aldeamentos.
Pouca gente na rua (são 08.20 da manhã – estarão as pessoas já na apanha do algodão?)

2. Catete-Zenza do Itombe

Saída de Catete:

Muitas sanzalas (com criação de cabras). Grandes campos de algodão (Fots. 4 e 5).
Muitos imbondeiros.
Mulheres transportando cargas (cestas com cerca de um metro, seguras por uma fita à volta da cabeça).

Fot. 4 – Campo de algodão do Instituto de Investigação Agronómica de Angola (I.I.A.A.), perto de Catete.

Fot. 5 – Pormenor da planta do algodão, com um martelo de geólogo dando a escala.

Botomona

Sanzala com casas retangulares cobertas a colmo.

Notam-se, por vezes, casas com alpendre – casas de habitação.

Cascalheiras (com calhaus rolados) na base das areias avermelhadas.

Morfologia do solo ondulada.

Na escala geológica, vamos passando do Quaternário para o Terciário, das areias e argilas para os calcários.

Observam-se pequenos valeiros, com mata baixa, mas muito densa.

Fora dos valeiros, a vegetação é de tipo "capoeira", resultante de desbravamento intenso durante uma época muito prolongada.

Barraca

Sanzala mais pobre que as anteriores, com pequenas casas do tipo habitual cobertas a colmo.

Começam a ver-se na linha do horizonte alguns relevos salientes acima do planalto, relevos relacionados com a depressão periférica que borda o Maciço Antigo.

Áreas de mata junto de pequenos rios ("muxitos").

Fica a dúvida se será legítimo falar de floresta galeria.

Quanto à vida animal, vi, pela primeira vez, dois abutres e vários macacos (espécie: macaco azul).

Alguns dos macacos estavam nas árvores (imbondeiros), outros passeavam em grupo na estrada.

Zenza do Itombe

Comentário:

Na área de Zenza do Itombe estive a falar com um dos soldados, armados com espingardas G3, que se encontravam junto a várias casas de adobe e cobertura de colmo, numa pequena sanzala que parecia ter sido abandonada.

Os soldados teriam sido chamados por motoristas, devido a tiros disparados de noite sobre viaturas que circulavam na estrada. Estava tudo muito calmo. Não havia sinais de tiroteio. Mas os colegas "andavam a bater" os terrenos das redondezas.

Sobre o incidente nada escrevi no caderno de campo, mas foi a primeira vez que estive em contacto com uma ação relacionada com a guerrilha caraterística daquela área de travessia obrigatória para quem, vindo de Luanda pretendia seguir viagem por estrada para a maior parte do território, fosse para norte, por exemplo para o Uíje (antiga Carmona), fosse para leste, para Malanje, como nós, naquele dia, fosse ainda para o centro e o sul de Angola. Tratava-se de uma estrada de alto valor estratégico para a guerrilha, atendendo ao muito movimento de automóveis, "jeeps", camionetas de carga e autocarros de passageiros. Todavia, aquele preciso local não oferecia as melhores condições táticas para emboscadas – era claro que o sítio, não sendo o ideal, se prestava mais a flagelações noturnas ocasionais.

3. Zenza do Itombe-Dondo

Continua a paisagem com imbondeiros, mata por vezes cerrada, estrada com muitas curvas.

Por vezes, já aparecem grandes árvores em zonas baixas.

Geologicamente, estamos sobre materiais do Cretácico: grés litorais.

Logo a seguir, rochas do Miocénico: camadas sub-horizontais, ondulações vagas, muito amplas, com argilas de "nuances" cinzentas, parecendo o Retiano (Triásico superior), em Portugal, perto de Coimbra, que também é o rebordo do Maciço Antigo.

Comentário: Nos anos 1960 ainda se dizia Retiano. Entretanto, novos estudos geológicos fizeram cair essa designação.

Aproximam-se os relevos salientes do Maciço Antigo.

Sanzala a 14-15 km do Dondo. Casas típicas, de madeira e terra batida (Fot. 6), com uma venda de laranjas e bananas; algumas cabras.

Fot. 6 – Sanzala com casas de tipo variado, a poucos quilómetros do Dondo.

Passagem do Rio Lucala – não se nota a floresta galeria.

Várias sanzalas na aproximação do Dondo.

Escarpa – casas típicas subindo a escarpa.

(Atravessando a vila do) *Dondo*

Arquitetura colonial.

Jardinzinho colonial.

Avenida marginal ao Rio Quanza,

Quanza encaixado nos grés vermelhos.

Sanzalas típicas.

Cultura de feijão "macunde" (feijão frade).

Terraços do Rio Quanza e grés conglomeráticos com uma certa inclinação.

Palmares.

Rejogo quaternário (?) do rebordo do Maciço Antigo, daí o encaixe do Quanza.

4. Dondo-Ndalatando (antiga Cidade Salazar)

Dondo-Rio Lucala

*Contacto do rebordo com o Maciço Antigo, com semelhanças relati-
vamente a Portugal no respeitante ao relevo.*

Flexura do material do Jurássico-Cretácico (Fig. 2):

- gresoso duro na base,

- gresoso brando no centro

- gresoso conglomerático mais acima).

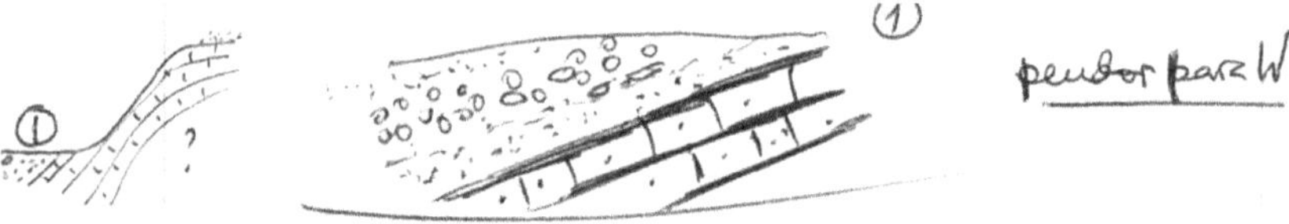

Fig. 2 – Flexura do material do Jurássico-Cretácico. Lado esquerdo – vista de conjunto. Lado direito – pormenor de 1.

Comentário:

Reproduz-se a indicação de "pendor para W" como prova da imprecisão
que um croquis tem quando feito em condições precárias; trata-se, sem dúvida,
de pendor para um quadrante de oeste, mas não havia condições para precisar
exatamente qual.

*Pode falar-se aqui de três superfícies de erosão. A mais recente poderá
ser pliocénica.*

O Maciço Antigo está aplanado, mas notam-se rejogos quaternários.

A designação Maciço Antigo é vaga. Não dá ideia precisa da idade.

Há xistos e há granitos (grandes batólitos).

*Há alguns encaixes, mas os mais nítidos serão muito recentes, pois
apresentam quedas de água.*

Os imbondeiros rareiam.

Aproxima-se a linha de escarpa – os relevos salientes seguem uma linha bem definida seguindo-se, bruscamente, acima do planalto.

Não é uma paisagem típica de "inselbergen" (Fig. 3).

Fig. 3 – A partir do planalto, vê-se ao longe a linha da escarpa (em cima). O que pode parecer uma cordilheira de "inselbergen" ("inselgebirgen"), vê-se depois, não tem perfil de "inselberg" (perfil, em baixo).

A travessia da escarpa oferece uma visão de serrania que não é estranha a um geógrafo português.

Observam-se pequenos morros residuais salientes do planalto.

Ao km 224, a estrada ondula bastante.

Vê-se, à frente, a grande escarpa que dá passagem da área litoral aplanada para a área interior.

Passagem do Lucala

Rio Lucala

- margens com bastante arvoredo e com plantações

- no leito observam-se rápidos.

Com o afastamento do rio, a vegetação não é muita.

Nota-se alguma secura.

Subida da escarpa.

Floresta degradada, cobertura vegetal muito diferente.
Observam-se cafezeiros, na sombra das árvores, e bananeiras (Fots. 7 e 8).

Fot. 7 – Floresta na subida da escarpa (proximidades de Ndalatando).

Fot. 8 – Aproveitamento da sombra da floresta para produção de café.

Plantações de café em fazendas muito próximas da cidade (Fot. 9).
Cidade situada numa depressão aparentemente tectónica, com cristas
quartzíticas nas proximidades (Fig. 4 e Fot. 10).

Fot. 9 – Fazenda com produção de café, junto a Ndalatando (antiga Cidade Salazar).

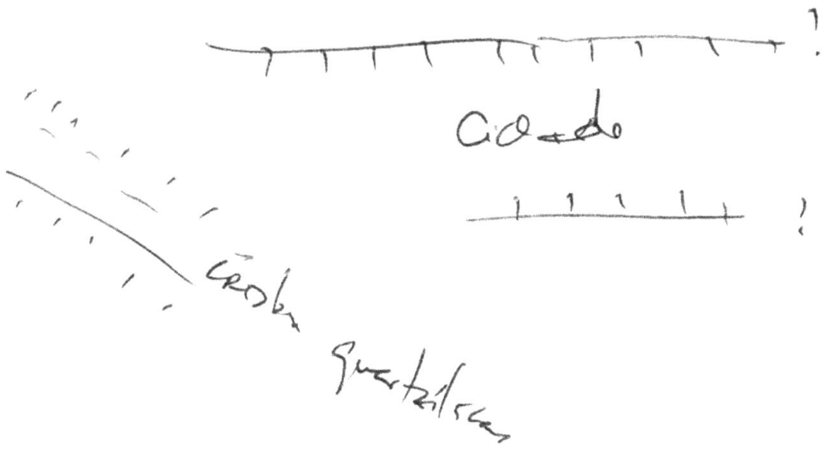

Fig. 4 – Croquis muito simplificado da localização de Ndalatando.

Fot. 10 – Ndalatando (antiga Cidade Salazar) em Agosto de 1969.

5. Ndalatando (antiga Cidade Salazar)-Malanje

Ndalatando-Quizenga

A 10 km de Lucala – casas de tipo diferente, em adobe, sem troncos de árvores.

Predomina a falta de vegetação.

Vêem-se queimadas, tal como se vêem espaços onde elas já passaram.

Paisagem desoladora.

De vez em quando, observa-se sisal e voltam a aparecer imbondeiros.

Quizenga

Encouraçamentos sob a forma de calhaus não rolados unidos por cimento ferruginoso (8).

Morros de salalé (termiteiras) raros e pouco consistentes.

Porca africana (fortes semelhanças com o javali).

Quizenga-Cacuso

Relevos salientes dos dois lados da estrada, semelhantes aos das zonas temperadas, com vertentes suaves, talvez devido ao clima, que, na região, terá apenas uns três meses verdadeiramente secos.

Não parece tratar-se de "inselbergen" (9).

Estufas de tabaco – casas brancas com cobertura de colmo.

Vai havendo uma reconversão do tabaco pelo algodão, devido às baixas verificadas nos preços.

Plantações de sisal abandonadas – grande densidade de espigas de sisal (espeques), portanto, sisal envelhecido sem valor comercial.

Cacuso-Pungo Andongo

Forte densidade de população.

Criação de cabras e de porcos.

Casas, por vezes, caiadas de branco, construídas em adobe, com cobertura de colmo.

Gente não afetada pelo "terrorismo".

Pungo Andongo

Rebaixamento do relevo.

Enormes blocos conglomeráticos (com calhaus rolados de tamanhos grandes), explorados pela erosão segundo as fraturas (Fots. 11 e 12)

Queimada noturna (início da noite).

Fot. 11 – Pungo Andongo. Vista parcial de um dos grandes blocos.

Fot. 12 – Pungo Andongo. Espaço entre dois blocos resultante de erosão explorando uma área fraturada.

Malanje

Toda a noite choveu – de vez em quando, trovejava.

Comentário:

Em plena época seca?! Só muito mais tarde, no Brasil, me apercebi de que "gotas de ar frio" provenientes de sul podiam originar chuva no Rio de Janeiro, e até mais a norte, em finais de agosto. Antes, porém, já tinha lido algo sobre uma chamada "frente de alíseo" (10), que poderia ter efeitos semelhantes. Na região de Malanje, as nuvens eram altas e a trovoada foi recorrente ao longo de cerca de 24 horas.

6. Malanje-Baixa de Cassanje-Malanje

Malanje-Cambondo

Paisagem de caraterísticas temperadas, com muitos arbustos.
Depois da chuva e da trovoada noturnas, os terrenos, apesar de aver-
melhados, pareciam solos de zona temperada.
Terras queimadas.
Sanzala com casas de adobe cobertas de colmo. Casas, por vezes, de
tipo pátio fechado.
Bananeiras na área da sanzala.

Cambondo

Sanzala grande com 7 ou 8 casas comerciais (casas mistas).

Cambondo-Caculama-Xandel

Grandes morros de salalé (2 a 3 metros de altura), com formas cóni-
cas, muitos deles cultivados.

Casas feitas com troncos de árvores ("pau a pique").

Caçadores de arco e flecha na berma da estrada (à caça do "cuio"?)

Baixa de Cassanje

Explorações da Cotonang.

Difícil de ver o fundo da escarpa devido aos detritos resultantes do recuo da mesma ("éboulis", em francês, ou escombreiras, em português).

Relevos residuais no fundo da depressão (Fig. 5).

Alguns destes relevos encontram-se nos "éboulis" (constituídos com material "Karroo", série do Cuango).

Outros correspondem a esporões do maciço pré-cretácico inferior ao Karroo, de que não se conhece a forma do contacto.

Muitas lavras de mandioca.

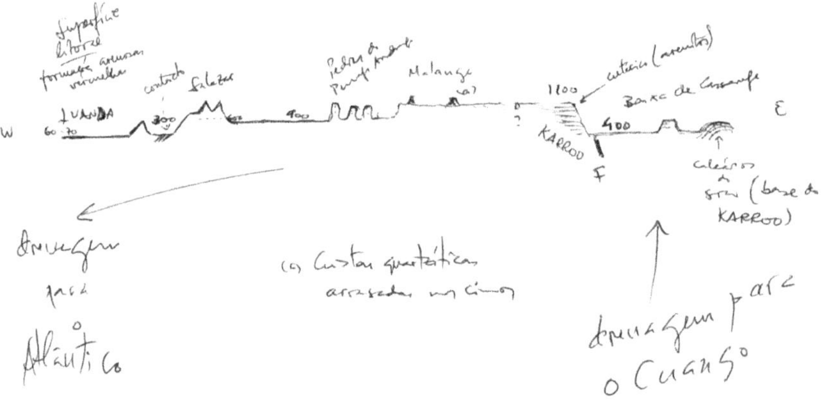

Fig. 5 – Perfil simplificado de Luanda à Baixa de Cassanje.

Xandel-Malanje

De novo os grandes morros de salalé (Fot. 17).

Plantações de tabaco.

44

Paragem numa sanzala disposta em alinhamento com a estrada de um e outro lado.

Algumas frases recolhidas em conversas com residentes nessa sanzala (Fot. 18):

- só as mulheres trabalham o barro ("o homem não pode")

- "é melhor viver na sanzala do que em Luanda", "em Luanda é preciso comprar comida, pagar renda de casa"

- "as casas de adobe são construídas pelo pedreiro (quimbundo) ou mestre (português)"

- "ninguém sabe ler"

- "não há doenças, mas, quando se adoece, vai-se ao médico à povoação mais próxima" (Caculama).

Comentário:

Curioso notar a abertura ao diálogo com o desconhecido que vinha da "metrópole", tanto para revelar um tabu local sobre o trabalho com barro, como para fazer uma crítica às autoridades ("ninguém sabe ler").

Fot. 17 – Morros de salalé (termiteiras), plantados com tabaco (o martelo dá a escala).

Fot. 18 – Parte da população de uma sanzala próxima de Malanje.

Malanje

Cidade pequena, testa de caminho de ferro.

Primeiro núcleo importante ("baixa") junto à estação.

O desenvolvimento posterior da "baixa" fez-se segundo a estrada principal, para oeste, onde se encontram estabelecimentos industriais.

O Hotel Angola já aparece excêntrico.

O desenvolvimento recente, com função residencial, fez-se para leste da estação, terminando junto ao quartel (saída para Xandel).

7. Malanje-Quedas do Lucala (antigas Quedas do Duque de Bragança)-Malanje

A superfície de Malanje desenvolve-se à volta dos 1100 m de altitude.

O Rio Lucala vem do planalto e cai em Duque de Bragança, ficando a correr a pouco mais de 900 m de altitude (Fig. 6)

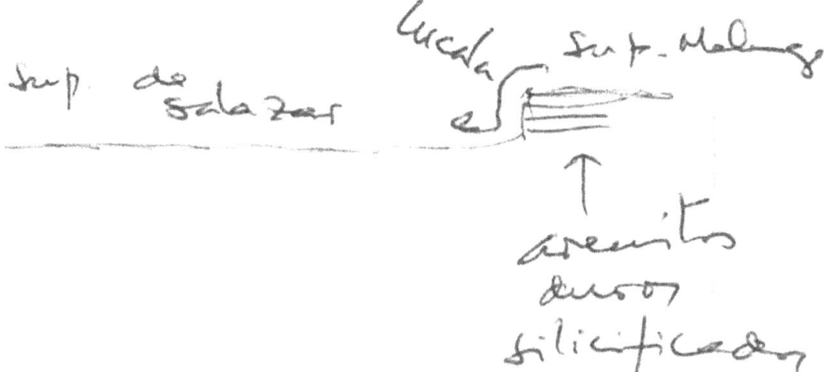

Fig. 6 – Linhas gerais das Quedas do Lucala.

Além dos arenitos duros também há xistos.

Mesmo na zona tropical, os xistos reagem de modo semelhante ao que se conhece da zona temperada.

Os xistos da base não deixam formas nítidas – há ondulações do terreno e a picada que vai de Lombe às Quedas passa quase insensivelmente dos 1100 aos 900 e tantos metros por vertentes suaves.

Na subida da escarpa, havendo mais humidade, aparece a floresta.

As águas do Lucala vêm de todo o lado pelo meio do arvoredo (Fig. 7); caem na vertical de cerca de 300 metros de altura (Fot. 19).

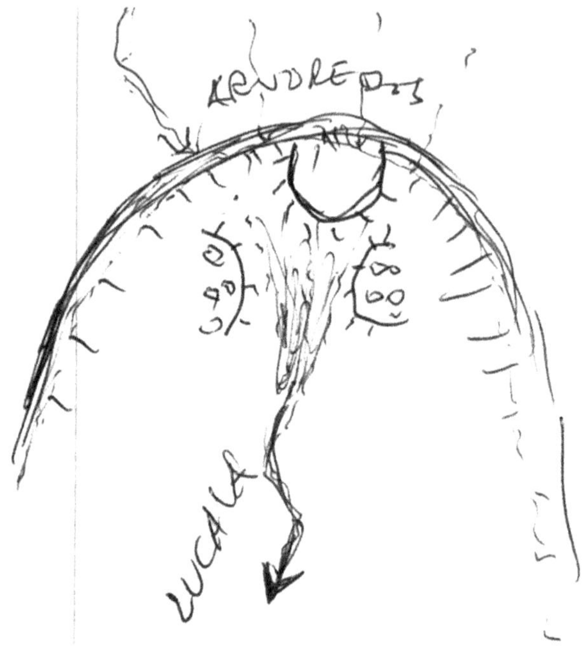

Fig. 7 – Dispersão pelo meio do arvoredo e concentração das águas após as quedas.

Fot. 19 – Quedas do Rio Lucala, antigamente chamadas Quedas do Duque de Bragança.

Lombe

- sanzala perto de Lombe – um óbito detetado pela música de ma-rimba que se ouvia à distância, confirmado no local primeiro pela dança, depois falando com pessoas presentes.

Percurso realizado (Mapa 1):

Mapa 1 – Luanda – Dondo – Ndalatando (antiga Salazar) – Malanje. As quedas do Lucala (antigas Duque de Bragança) situam-se a noroeste de Malanje; Baixa de Cassanje fica-lhe a leste.

Este mapa de localização do percurso realizado e os seguintes para outros percursos correspondem a extratos do *Mapa de Estradas de Angola*, pequeno mapa de bolso, sem indicação de editora, de local e data de edição, na época amplamente distribuído como anúncio de uma marca de cervejas.

Notas

(8) Jean Pouquet (1966, p. 202), concordava com Belouard (1949), em trabalho realizado no Senegal, referindo quatro tipos de couraças. A que observámos poderia ser uma "couraça em vias de formação" daquelas que ocorrem "sobre superfícies mais ou menos horizontais, sobre declives inferiores a 20%".

(9) Em 1969, a imagem que tínhamos de um "inselberg" (monte-ilha) era a de um relevo sa-liente, isolado, impondo-se acima de uma área aplanada, resultante do "recuo paralelo de vertentes"

em clima tropical, não a partir do recuo de cabeceiras de vários rios, mas devido à importância da meteorização, mais concretamente, da alteração química. Siegfried Passarge (1931) mostrou uma "paisagem de montes-ilha" na "estepe de Mossamedes", extraída de uma aguarela desenhada por um seu compatriota. Será também a partir de montes-ilha do mesmo "deserto de Moçâmedes" que Ilídio do Amaral (1973) insistirá na meteorização superficial e profunda tão importante para compreender a sua origem. O chamado "recuo paralelo de vertentes" foi sendo esquecido à medida que a meteorização profunda, em equilíbrio com um clima tropical húmido, aparecia como o processo mais importante para o desenho da superfície basal donde partiria a elaboração das formas de relevo após a evacuação da alterite, já em contexto de clima tropical contrastado ou mesmo, posteriormente, de clima seco (M. F. Thomas, 1974). C. D. Ollier (1983, p. 212), no entanto, veio enriquecer a discussão, lembrando que há formas semelhantes em climas diferentes e que também a maior parte dos autores relaciona a forma inselberg a granitos e "most inselbergs are on granite or gneiss, but some not".

(10) "Quando dois anticiclones subtropicais A e B estão ligados é claro que o "colo" que os separa é uma superfície de fricção onde o ramo descendente do alísio de A (…) entra em conflito com o ramo ascendente do alísio de B (….). Admitindo que o alísio de A é marítimo, dois casos se apresentam: ou o alísio de B é continental e há formação de nuvens sem possibilidade de chuva; ou é marítimo, e o ar, muito instável, é capaz de fortes descargas. Mas o interesse destas "frentes de alísios" vem também do facto de eles serem uma porta aberta para as chegadas de ar polar" (Jean Demangeot, 1976, p. 23). Parece corresponder ao que o Autor representa mais adiante, a uma escala geral, na sua figura 19, "Os ventos em julho" (ob. cit. p. 47). Neste caso concreto observado em Malanje há grandes diferenças para o que mais tarde pude sentir no Rio de Janeiro, ou seja "chuva miudinha", "com uma temperatura do ar que não ultrapassou os 15º C" e "que se manteve durante 24 horas" (Fernando Rebelo, 2006, p.172).

III – De Malanje ao Huambo

1. Malanje-Cambambe

A 1 km das Grutas de Caculo

Calcário pré-câmbrico, série do Bembe
(calcário muito duro – cornija que limita a planura de Malanje).
Carso bastante importante (mas em vez de terra rossa, há conglome-
rados muito duros com bastante calcite em romboedros).
Há muitas galerias e a cornija está lapiezada deixando apenas colunas.

Lucala

Pequena aglomeração urbana, com estação de caminho de ferro. Pelo
estilo das suas habitações (Fot. 20), poderá comparar-se com certas vilas
brasileiras.
Viveiros de café, com mamoeiros à mistura.
Papiro ao longo do rio, bem como áreas de palmares.

Fot. 20 – Rua do centro urbano de Lucala.

Comentário:

No caderno nada ficou registado, mas tenho mantido a lembrança de uma cidade com marcas do impacto de balas em vários edifícios, por onde a guerrilha parece ter passado.

Área do entroncamento com a estrada para Uíge

Várias pequenas povoações apresentam o mesmo aspeto do centro para a periferia.

Núcleo central habitacional branco com comércio.

Localização periférica de estabelecimentos industriais, fábricas de descasque de café, desfibragem, oficina de automóveis, cerâmica (telhas, tijolos).

Sanzalas periféricas.

Plantações de mandioca.

Plantações diversas – predomínio de sisal e, mais longe, palmeira dendem.

Binde

Cafezeiros em floresta verde – beleza e frescura.

Dois casais pela berma da estrada: os homens seguem à frente a conversar (bem vestidos, com camisas brancas impecavelmente limpas, calças cinzentas escuras), as mulheres atrás (lenços brancos, panos muito coloridos até aos pés, grandes cargas à cabeça).

Cambambe

Povoação situada a 13 km do Dondo.

Granitos na base, xistos por todo o lado.

Barragem hidroelétrica construída de 1958 a 1962, que fornece energia para Luanda e para o Dondo, mas ainda não concluída em 1969 (Fot. 21).

O Rio corre em vale de fratura – traçado em baioneta, fortemente encaixado.

Para ocidente há terraços escalonados.

Aglomeração de cerca de 650 pessoas, servida por uma Pousada, de certo modo um centro de relação.

A central trabalha ainda a 6% das possibilidades – produz 250 Giga Watts podendo vir a produzir 4100 com o trabalho total dos 2 geradores instalados, mais os 2 previstos desde início.

Poderá no fim da 2ª fase da construção produzir mais do que o total de todas as barragens hidroelétricas de Portugal.

Protegida por polícia própria e por um grupo de controle dos Comandos em descanso depois de ações de combate.

Para a sua construção foi aproveitada uma área de rochas muito duras, embora com falhas; as falhas, todavia, serão ultrapassadas com grandes injeções de cimento, exatamente o que foi feito durante a construção; como a área está cheia de falhas e fraturas todos os anos é necessário consolidá-las com mais injeções de cimento.

Na época seca o rio é desviado por não atingir a altura de águas necessária para saltar a barragem

O leito está seco, notando-se marmitas de gigante e toda a organização de rápidos (Fot. 22).

Fot. 21 – Barragem hidroelétrica de Cambambe, ainda incompleta em 1969.

Fot. 22 – Leito seco a jusante da barragem.

2. Cambambe-Colonato da Cela

Cambambe-Quibala

Antes de chegar ao Rio Lombe, passa-se por uma depressão (quase) fechada, apenas com duas pequenas aberturas em garganta.

Observam-se "inselbergen" típicos em granitos (Fig. 8).

Nevoeiro cerrado com chuviscos.

Grandes plantações de abacaxi, muito alinhadas, em filas paralelas.

Plantação de café arábica, variedade de mais fraco porte, mais baixa do que a da floresta.

Nos "pediments" da base dos "inselbergen" aparecem muitas vezes palmares e bananais.

Observam-se dois tipos de "inselbergen", essencialmente – com escombreiras de 10 a 15º de declive e com "knick".

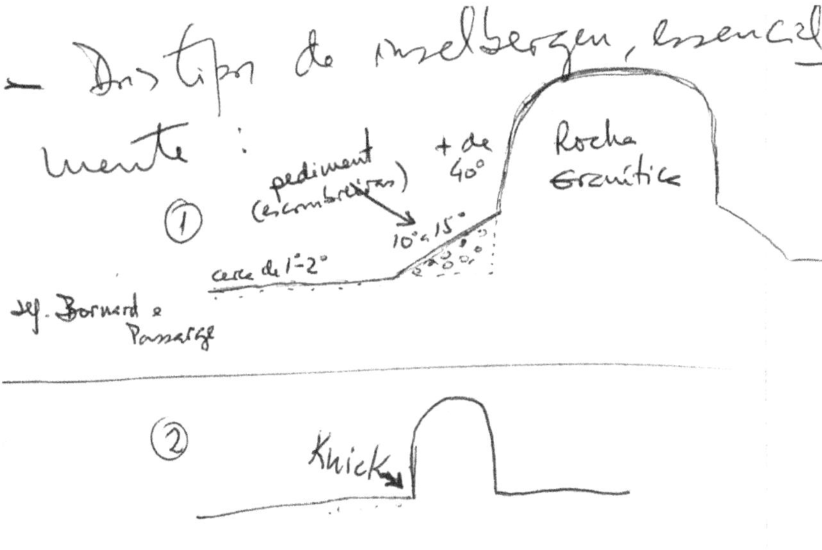

Fig. 8 – Área próxima de Quibala – esquemas dos dois tipos identificáveis de "inselbergen".

Quibala-Waku Kungo (Cela)

Grande depressão localizada entre "inselbergen" – superfície aplanada constituindo um fundo de vale, com formação de uma couraça.

Nesta área, foi instalado o Colonato da Cela (Fig. 9 e Fot. 23).

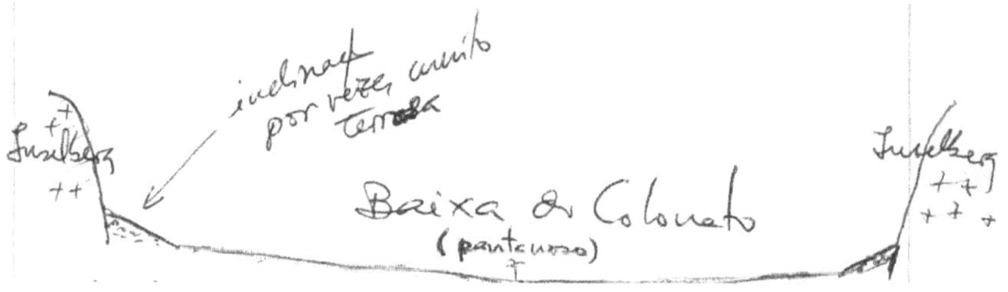

Fig. 9 – Grande depressão onde se localizou o Colonato da Cela.

Colonato da Cela

a) Informações recolhidas localmente, de várias proveniências.

Primeiros estudos em 1950; primeiras instalações em 1956.
Três tipos de instalações
- aldeias, com várias casas (cerca de 20), início com 20 hectares (primeiras instalações) e apoio total durante dois anos,
- fazendas médias, com cerca de 50 casas, início com 120 hectares (instaladas depois de 1961) e apoio total durante dois anos,
- casais isolados, de início com cerca de 40 hectares, pequenas casas, apoio técnico e social, mas sem apoio quanto a tratores, animais, etc.
População – maioria branca, cerca de 5500 colonos, e trabalhadores, na sua maioria, negros.

b) Observações e inquéritos realizados na fazenda nº 4

Casal alentejano, fixo há 6 anos.

Produções diversas em policultura quase "promíscua"; cultiva-se bananeira, batata (principal produção), milho (na época das chuvas), abóbora, feijão (principalmente na época das chuvas), laranja, abacaxi, tomate, etc.

Chega a empregar 50 negros (paga 15 escudos por dia aos homens, 10 aos rapazes e às mulheres e nada aos pequenos de 6-7 anos).

Com uma catana especial, o empregado negro (que afirma ganhar pouco, 10 escudos) corta caules de bananeira, para dar ao gado, misturado com pedaços de abóbora (Fot. 24).

Diz que tem a sensação de que "está a ser roubado, pois trabalha de sol a sol", na época, cerca de 9 horas.

A comercialização dos produtos é fácil devido à proximidade de Luanda e de Nova Lisboa (Huambo), 404 e 189 km, respetivamente, mas abandonada à sua sorte, completamente ao acaso.

Exemplo – momentos antes, chegou um camionista que ofereceu 1$30 por kg de abacaxi… "felizmente, para o abacaxi há a CIABRA (fábrica de vinho de abacaxi), que compra a 3$00". A mulher prefere gastar dinheiro no gasóleo e ir lá levar o muito abacaxi que produz.

Outro exemplo – os preços do tomate vendido ao camionista oscilam entre $50 e 3$00 o kg.

Observação pessoal:
As condições de vida para os negros na fazenda são horríveis – dormem em pequenos cubículos onde mal cabe um colchão, vivem ao lado dos porcos e dos pombos, que têm boas instalações.

Entrevista a alguns trabalhadores negros:
Apesar de tudo, os negros dizem gostar do patrão que lhes dá um mês de férias, embora não ganhem quando não trabalham (como também não ganhavam ao domingo); as férias permitiam-lhes ir à sanzala semear milho.

Comem apenas fuba que o patrão lhes dá.

Fot. 23 – Vista geral de parte do Colonato da Cela.

Fot. 24 – Instalações para animais na Fazenda 4 do Colonato da Cela.

c) Entrevista rápida à mulher de outro fazendeiro

A fazenda foi adquirida à Junta de Povoamento e, segundo a senhora, "não dá nada".

O casal veio há 6 anos (1963) da "metrópole" (Trás-os-Montes) trabalhar para casa de um grande agricultor.

Depressa conseguiu que lhe fosse atribuída uma fazenda.

Chegaram a ter dois "turismos" (automóveis), mas hoje já só têm um por terem vendido o outro. Têm duas camionetas e dois tratores.

Diz que os solos vão dando cada vez menos (Fot. 25 e 26).

Já compraram uma outra fazenda, fora do Colonato, que afirma ser mais bonita.

d) Visita à "Fazenda Grande":

Tratava-se de uma fazenda média, com 120 hectares, mas que cresceu até aos 500, por aproveitamento de baldios.

O fazendeiro é um dos colonos da Cela "desde há 3 anos" (desde 1966), mas considera-se "muito descontente".

Tem agricultura e produção de leite – produz principalmente abacaxi, café, batata e banana, mas tem cerca de três dezenas de vacas dinamarquesas compradas pelo Estado "a 25 contos cada uma" e que produzem "cerca de 11 kg" de leite por dia.

Tem "muitos pretos a trabalhar"; "quando fazem asneiras" castiga-os "com um pau".

e) Bombagem da água para o Colonato

O Colonato situa-se na baixa drenada pelo Queve, baixa que se desenvolve pela superfície de 1200 m, semeada por "inselbergen" com altitudes próximas dos 1800 m.

Do Queve é elevada a água para rega no Colonato, cuja área está sulcada por canais que servem na época seca para a rega e na das chuvas para drenagem – antigamente, esta área era pantanosa.

A Central de Bombagem baseia-se numa pequena instalação onde trabalha uma complicada máquina elevatória de águas do tipo "diesel".

f) Um episódio numa das viaturas que nos transportou no Colonato

No banco ao lado do motorista da viatura, uma Land Rover, da Junta Provincial do Povoamento, podia ver-se uma vergasta de tipo especial – tratava-se de uma "chibata" constituída por uma argola donde partia um cabo em couro com 4 ramificações, terminando cada uma delas em ponta de arame enrolado.

Perante a minha admiração, "para que serve", o motorista (regente agrícola) disse meio sério, meio a brincar, "é para bater em alguém".

A minha impressão, perante aquilo que ia ouvindo dizer aqui e ali, era que, depois do início do que se dizia ser "terrorismo", apesar da "Acção Psico-Social" dos que chegavam da chamada "metrópole", os brancos que estavam há muito em Angola tornaram-se mais racistas e os problemas de colonialismo parecem ter-se acentuado.

Comentário:

Trata-se de uma questão que na altura foi muito discutida por alguns dos presentes, mas que tive a oportunidade de discutir também, posteriormente, com colegas retornados de Angola – as opiniões foram sempre variadas, nunca me tendo apercebido de qualquer espécie de consenso.

Fot. 25 – Lateritização e por vezes encouraçamento, facilitado pelos sistemas agrícolas europeus, iam já tornando mais pobres os solos do Colonato.

Fot. 26 – Exemplo de cultivo à europeia, com utilização de tratores, embora mantendo algumas produções tropicais.

g) Longa conversa com um funcionário do Instituto de Investigação Agronómica de Angola (I.I.A.A.), Júlio G.

Apresentação – organização familiar e tribal
- casado pela igreja, com três filhos,
- abandonou a sanzala para ir trabalhar no Huambo (Nova Lisboa), onde construiu uma casa,
- tem família na sanzala da Cela, que visita com frequência e a que leva lembranças.

O soba (chefe da sanzala)
- o soba é a pessoa "célebre", é quem manda, alguns têm duas ou três mulheres, cada uma com 4 ou 5 filhos,
- quando morre, o soba é substituído por um filho, o mais velho, ou por um sobrinho – "será o que tiver mais juízo", "segundo o acordo de todos".

Vida na sanzala
- o homem trabalha na casa, vai à caça e ganha dinheiro,
- a mulher trata dos filhos, faz a lavra, faz a fuba, sendo que "a fuba (farinha) pode ser de milho (pirão), de mandioca (fungi, bombó), de luco, de massanga ou de massangalo",
- comem bem – "o pirão alimenta mais que o fungi", "não há fome na sanzala", "compram peixe seco ao comerciante branco",
- não se dedicam ao comércio porque não têm dinheiro,
- gostam de batatas, arroz e carne, mas fica caro.

Vida sexual
- a iniciação das raparigas faz-se aos 12-13 anos e a festa, a que vêm assistir os pais e a gente toda da sanzala, é em conjunto para 4 a 6 raparigas,
- a festa consta de comida, muita bebida, música e dança,

- a liberdade sexual é grande

- se a rapariga solteira tem filhos leva-os às "madres" – pai e mãe vão depois visitá-los; "no casamento a rapariga não pode levar filhos, vai livre",

- quando nasce um filho, durante dois anos não nasce outro; o homem procura relações com raparigas solteiras, que preferem, todavia, tê-las com rapazes solteiros, que possam depois casar,

- nesse período, os maridos evitam relações com a mulher, mas não existe tabu – por vezes têm relações (mas ficou admirado por só ter havido um intervalo de 9 meses entre os seus 2º e 3º filhos),

- não compreendia que uma mulher branca pudesse chegar virgem ao casamento – não via qual era o interesse.

"Terrorismo"

- em Cela não mataram brancos,

- em 1961, um branco bêbado teve um desastre (o automóvel caiu ao rio) e morreu,

- "os brancos atribuíram a morte aos pretos da sanzala" – prenderam todos os seus amigos e parentes; "só libertaram os que não sabiam ler", os quatro que tinham como ele a 3ª classe "desapareceram e até hoje nunca mais ninguém soube deles"; quem ia perguntar por eles à Polícia era preso e espancado: eram o padrinho dele e mais três amigos (ao dizer isto, chorou).

h) Relevo e solos na área de Waku Kungo (antiga Cela-Santa Comba)

Observação de uma barreira da estrada – barreira com laterite

- o corte fica nas proximidades de vários "inselbergen" ("inselgebirgen"?)

- o clima já é mais seco, sendo, portanto, mais fácil a formação de laterites,

- no primeiro local, por baixo do solo há um nível encouraçado, seguido de uma linha de calhaus rolados (ou simplesmente boleados pela

mobilização da sílica típica dos climas tropicais?) e pela rocha-mãe alte-
rada (Fot. 27 e Fig. 10),

- à superfície do solo há pequenos fenómenos de encouraçamento,
parecendo recentes,

- noutro corte, nota-se uma couraça muito desenvolvida (cerca de
2 m de espessura) e duas pouco desenvolvidas com uma lateritização
em fracas concreções com cerca de 2 cm de diâmetro; com um toque de
martelo obtêm-se concreções arredondadas envolvidas em matriz argilosa,

- na área há abundantes morros de salalé, pequenos (Fot. 28), na sua
maioria de cor avermelhada.

Fot. 27 – Perfil de solo com encouraçamento em pleno Colonato da Cela. O martelo
dá a escala.

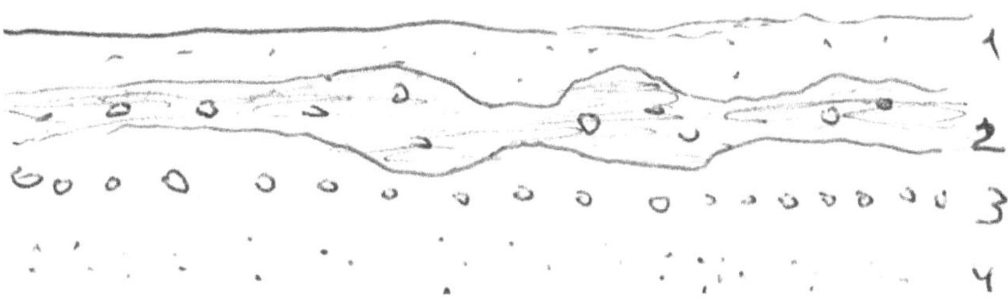

Fig. 10 – Esboço esquemático do perfil de solo patente na fotografia 28. Legenda no caderno: *1 – solo, 2 – nível encouraçado conglomerático, 3 – linha de calhaus rolados, 4 – rocha mãe alterada.* Por comparação com vários tipos de solos intertropicais apresentados por Jean Pouquet (1966), poderia dizer-se: 1 – horizonte A; 2 – horizonte B; 3 – horizonte C1; 4 – horizonte C2.

Fot. 28 – Pequeno morro de salalé em área não aproveitada pela agricultura. Também aqui, o martelo dá a escala.

(i) Santa Comba

Núcleo urbano com aspirações a cidade.

Predominam as atividades terciárias

- tem um edifício onde funcionam a Administração, a Câmara Municipal e o Tribunal

(o Administrador e o Presidente da Câmara são a mesma pessoa),

- tem várias casas de comércio misto, com predomínio de mercearias,

- tem também comércio e serviços especializados, como stand de tratores e venda de combustíveis, 2 relojoarias, cabeleireiros e barbeiros, drogarias, casas de mobílias, 2 médicos e 1 veterinário, 1 agência de seguros e 2 agências bancárias,

- o equipamento é igual ou superior ao de muitas cidades de Portugal – trata-se de um centro de atração semelhante aos dos EUA em áreas de agricultura rica; aqui, os fazendeiros com automóveis, na sua maior parte, têm facilidade em deslocarem-se a Santa Comba,

- pelo seu clima de planalto, agradável, classificado como temperado quente e húmido, Santa Comba é centro de veraneio, onde também se vem de Luanda para fazer caça à perdiz (por exemplo, "para o próximo domingo, 17 de Agosto, já não há quartos disponíveis")

Comentário

Embora não conste do caderno de campo, lembro-me de ter visto vários homens brancos embriagados, de aspeto miserável, sentados em beiras dos passeios ou deitados em bancos de jardim, o que poderia relacionar-se com uma rápida decadência de algumas fazendas (11), provavelmente devido à aplicação acrítica de métodos agrícolas europeus em área tropical. Mesmo temperado, graças à altitude, com temperaturas médias inferiores a 18º C na época mais fresca, o clima é quente e húmido, ou seja, quando está mais calor, chove muito (caraterísticas subtropicais).

3. Waku Kungo (antiga Cela/Santa Comba)-Huambo (antiga Nova Lisboa)

Paisagem de "inselbergen" pouco a sul da Cela

Notável abruptuosidade e belas escombreiras de "pediment".

Por vezes, parece que as escombreiras não passam de uma película que se sobrepõe à rocha mãe granítica, tendo sido facilmente removidas pela erosão, ou que não têm continuidade, correspondendo a recentes quedas de blocos – em dado momento, a estrada corre encaixada na rocha mãe, não se vendo escombreiras (Figs. 11 e 12),

- mais ou menos dispersas pelo campo, aparecem construções palafíticas todas em madeira, mas muito baixas – perguntou-se se seriam todas elas celeiros. Viegas Guerreiro pôs a hipótese de poderem ser também habitações temporárias.

Fig.11 - Vista de dentro do autocarro, a escombreira parece ser pelicular, embora ainda bem identificável.

Fig 12 – De repente, deixa momentaneamente de se ver a escombreira – a estrada está talhada apenas em granito, confirmando-se o seu caráter pelicular.

Área do Lubiri, a cerca de 90 km de Huambo (antiga Nova Lisboa)

"Inselberg" em quartzitos ("pseudo-inselberg"?) com escombreiras fossilizando um "knick" (Fot. 29) a que se segue um material que faz lembrar as "rañas" existentes na Península Ibérica (Fot. 30) e um enchimento de caraterísticas fluviais (Fig. 13).

Queimadas em curso nas proximidades.

Fot. 29– (Pseudo?) inselberg de Lubiri.

Fot. 30 – Barreira de estrada em material heterométrico (depósito do tipo raña?)
abaixo das escombreiras do (pseudo?) inselberg do Lubiri.

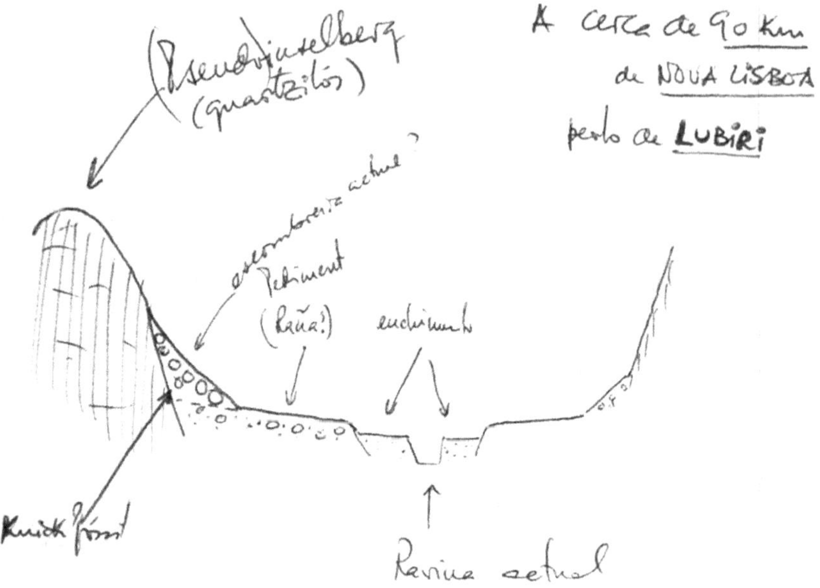

Fig. 13 – Corte esquemático do relevo na área próxima de Lubiri.

Alto Hama

Importante povoação só com casas comerciais (20), pensões, restauran-tes, bombas de gasolina e de gasóleo e paragem de camionetas.
Cruzamento de estradas.
Nas proximidades, há uma fonte de águas termais, quentes (46-48ºC).
Área de rochas granitoides, muito ricas em mica branca (moscovite).

Fazenda Bonga

2000 hectares cultivados, 1400 de pinhal, 600 com vetiver (uma espécie de capim de cujas raízes se extrai a conhecida essência).
Cerca de 400 trabalhadores bailundos, alguns dos quais não sabem português – ganham 249 escudos por mês e comida.

Aldeias dentro da área demarcada (opiniões divergentes – os negros dão a entender que sim).

As mulheres trabalham com as duas mãos segurando dois cabos da pequena enxada – trata-se de uma enxada diferente da habitual (Fig. 14).

Fig. 14 – Enxada de dois cabos; à direita, assinalada com uma seta, a enxada tradicional.

Os homens trabalham com enxadas grandes de tipo europeu.

O mercado indígena (quitanda) faz-se na fazenda, perto da cantina e do centro das habitações à frente da fábrica de moagem (Fot. 31).

Importante – bombas de gasolina e gasóleo.

Á medida que se vem para sul:

- verifica-se o desaparecimento do quintal e das culturas perto da casa,

- a alimentação básica deixa de ser a mandioca para ser o milho,

- os povos já não falam quimbundo – são bailundos, ovimbundos, ganguelas,

- a sanzala chama-se agora quimbo.

Fot. 31 – Fazenda Bonga – edifícios centrais.

Da Fazenda Bonga a Chianga

A paisagem lembra a superfície de Malanje, mas os relevos residuais aqui são "inselbergen".

Por vezes, na barreira da estrada, aparecem níveis encouraçados, abarrancados.

As superfícies vão sendo cada vez mais altas até atingirem os 1750-1800 m de altitude, na área do Huambo (antiga Nova Lisboa).

Nas superfícies mais baixas, a cerca de 1600 m, e até antes, aparecem sempre relevos residuais de tipo "inselberg", que anunciam o nível seguinte.

Perto de Chianga

Conversa com o alfaiate do quimbo do Cassuculo:
- na sua língua, ovimbundo, porco diz-se "ongulo", galinha "osangi", tu "ave", eu "ame", fuba "asema" ou "acema", casa "alonjo"; "calembe" é uma

erva cujas folhas servem para, depois de trituradas, serem postas na água
para apanhar peixes.

Senhora da Caala

Área aplanada.
Rejuvenescimento lento depois de aplanamento em regime de pedipla-
nície – vales largos e um pequeno relevo residual.
Perto, os granitos ficam altitudinalmente abaixo dos xistos.
Há várias falhas, uma das quais dá a escarpa de falha do Lepi.

Huambo (antiga Nova Lisboa)

Comentário:

Mesmo sem nada constar no caderno sobre a cidade, tirei uma fotografia
ao que nela encontrei de mais curioso, talvez porque nunca tinha visto nada
do género – uma camioneta de passageiros e de carga (Fot. 32), sem dúvida
importante para transportes de pequena a média distância.

Mas ficou a lembrança de uma cidade importante, onde quase ninguém
saía à rua a partir do anoitecer. O ambiente de medo sugeria uma certa proximidade da guerra. De facto, numa pequena volta ao início da noite pelas ruas
mais centrais, vimos guardas noturnos, acompanhados de cães. Na estação de
caminho de ferro foi possível ver um numeroso grupo de soldados, devidamente
fardados, quase todos africanos, a embarcarem, provavelmente, para a frente leste.
Com pouco tempo na cidade, durante o dia, à noite foi possível conversar com
um dos rececionistas do hotel, o que permitiu confirmar uma ideia que vinha
crescendo – o senhor era relativamente jovem, vestia de modo impecável, falava
corretamente português, francês e inglês, conhecia bem as regras da sua profissão,
mas ganhava (disse) 600 escudos por mês. Garantiu que era pouco, atendendo
à carestia da vida na cidade. Mas garantiu também que, com a sua cor de pele,
não conseguiria ganhar mais em nenhum emprego. Ele sabia que, em Lisboa,
um colega português, com as mesmas habilitações, ganhava 3 ou 4 vezes mais.

Fot. 32 – Curioso meio de transportes coletivo de passageiros e carga, estacionado numa rua do Huambo.

Percurso realizado (Mapa 2):

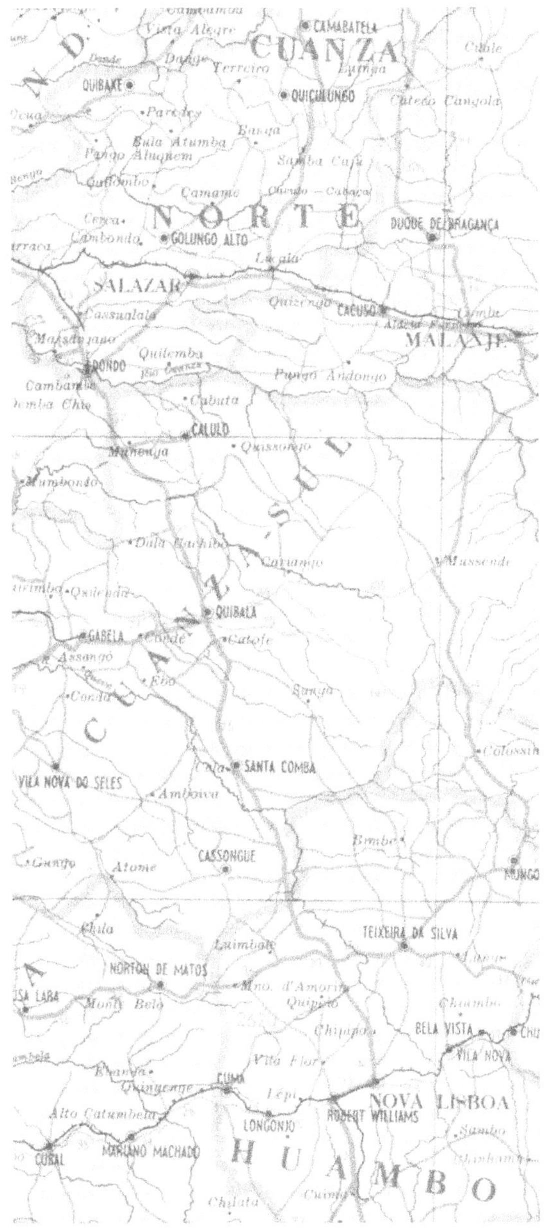

Mapa 2 – Percurso Malanje – Huambo (antiga Nova Lisboa).

Nota

(11) Deduz-se pelo menos de duas das entrevistas apresentadas, bem como destas observações registadas no centro urbano, que o Colonato da Cela não atravessava uma época de grande pujança económico-social. No entanto, a análise de Orlando Ribeiro, comparando o que viu com o que conhecia do passado, pôde ser mais precisa: "Voltei à Cela em 1969 e, contra o que esperava, encontrei o colonato em melhores condições (....) Os produtos da agricultura e da criação de gado começaram a ser comercializados e haviam-se instalado algumas unidades industriais para a sua elaboração (....) O colonato, depois da euforia inicial e de alguns anos de desalento, parecia ter entrado decididamente no caminho da viabilidade" (Orlando Ribeiro, 1981, p. 184-185).

Capítulo IV
Do Huambo ao Deserto do Namibe

IV – Do Huambo ao Deserto do Namibe

1. Huambo-Lubango

Caála (antiga Robert Williams)

A área da Caála é talhada em granitos com grande alteração atual. Por vezes há "inselbergen" com Knick. Nota-se um rejuvenescimento, com ligeiro encaixe nas linhas de água.

Cuima

Está ligada a Caála por caminho de ferro.

As minas que o justificavam estão fechadas e os comboios já não funcionam.

Logo a seguir, a estrada segue a divisória das águas que seguem para o Cunene e as que vão diretamente para o Atlântico.

Aqui, a couraça estará a 6 ou 7 m de profundidade.

É grande a monotonia da paisagem – circula-se pelo planalto principal.

Paragem numa aldeia a 4 km de Caconda

Conversa com um homem que, curiosamente, diz ter apenas uma mulher:

- pobreza geral, mortalidade grande quanto às crianças e ao gado.

A "Km 4" é uma aldeia do chamado "Reordenamento rural", correspondendo à junção de três quimbos numa só unidade (Fot. 33).

Paragem num quimbo perto de Hoque

Cerca de ramos entrançados com forma grosseiramente hexagonal:

- três habitações, pequenas áreas cobertas destinadas a animais e uma cerca mais pequena, sem cobertura (Fot. 34 e Fig.s 15 e 16).

- porcos, cabras, bois, vacas e vitelos, galinhas.

- produção de massambala, milho e feijão.

Fot. 33 – Casas da aldeia "Km 4" (a 4 km de Caconda).

Fot. 34 – Vista parcial de um quimbo perto de Hoque.

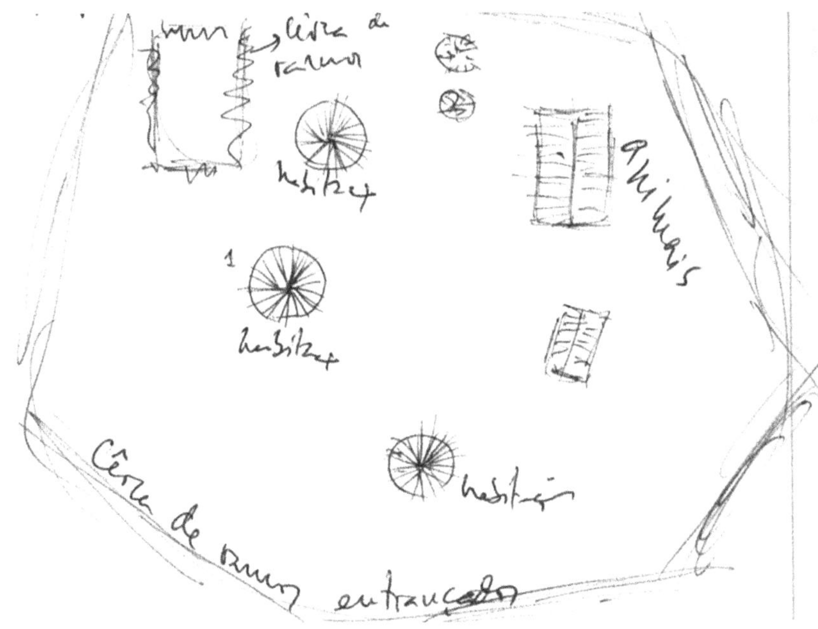

Fig. 15 – Quimbo perto de Hoque – croquis aproximado.

Fig. 16 – Planta aproximada de uma das casas do quimbo da figura anterior.

2. Área rural em torno de Lubango (antiga Sá da Bandeira)

Plano de Rega da Humpata (poucos quilómetros a oeste da cidade)

Observações e entrevistas conduzidas localmente mostram que a obra se baseia numa grande barragem e em canais de rega.

Objetivos:
- levar água aos solos (finalidade económica).
- melhoria das condições de vida (finalidade política), com introdução de frutos "metropolitanos", como peras, maçãs e ameixas, e sua venda a unidades industriais já instaladas.

Condições:
- o Estado prepara a terra "até certo ponto" e oferece-a em hasta pública por talhões; disponibilizou 1000 hectares ao custo de dez contos

por hectare – 2,5 ha cada talhão para autóctones, 5 ha cada talhão para brancos da Humpata, os restantes talhões, de 10 ha cada, "serão vendidos em hasta pública por 30 contos mais o pagamento de 7 por ano para amortização da rega".

Comentário

Ficou a ideia de haver aqui problemas semelhantes aos de outros colonatos – antes de mais, o da gente que tinha trabalhado com outras culturas, mas também a falta de assistência técnica e as dificuldades de comercialização dos produtos.

Tundavala

Perto de Lubango, a fenda da Tundavala é uma atração turística impressionante. Corresponde a um profundo canhão quartzítico, que, pela sua rigidez, indica erosão regressiva muito provavelmente ligada a um acidente tectónico perpendicular à escarpa onde se situa (Fig. 17).

De cima, da superfície estrutural, que sublinha a horizontalidade das camadas quartzíticas, pode ver-se, para além do estreito precipício natural, uma extensa área aplanada na base da escarpa (Fot. 35).

Tudo indica tratar-se de uma escarpa de falha em recuo por virtude de desabamentos, onde a fenda (Fot. 36) é o caso especial de ação erosiva vertical devida à concentração de águas da chuva, mas também a ação química das águas que, no período quente e húmido, mesmo temperado, de altitude, podem ir mobilizando a sílica dos quartzitos.

Comentário

Não consta no caderno de campo, mas ficou registado em fotografia (Fot. 37), que a cornija quartzítica se apresenta ruiniforme, à semelhança do que acontece nas regiões cársicas da zona temperada com rochas calcárias. Parece tratar-se da prova mais evidente no local de que a mobilização da sílica é um facto. Mesmo que parte da forma seja parcialmente herdada, o calor acompanhado por chuva nos verões quentes deve continuar o processo mesmo em altitude.

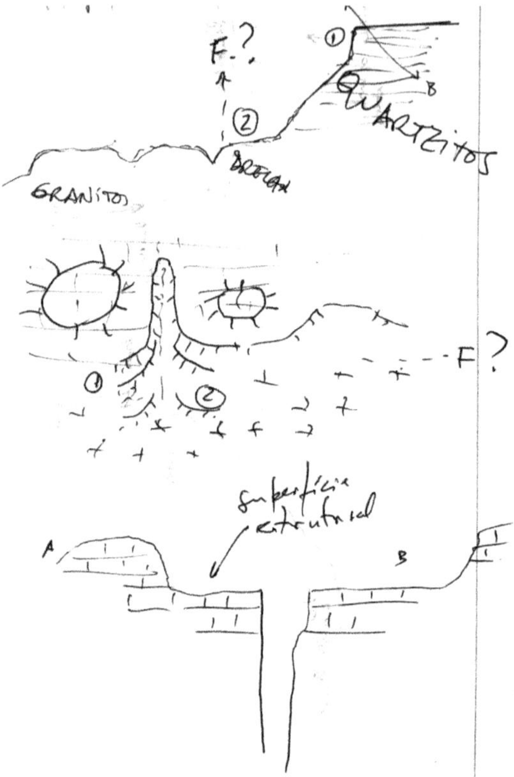

Fig. 17 – Tundavala – apontamentos rápidos de campo. Em cima, o corte transversal, geral; a meio, um esboço geomorfológico, salientando a fenda em vista de topo; em baixo, o corte transversal de pormenor, perpendicular à direção do corte transversal geral

Fot. 35 – Escarpa da Tundavala.

Fot. 36 – Fenda da Tundavala, fotografada na cornija quartzítica.

Fot, 37 – Cornija quartzítica da Tundavala, aspeto ruiniforme.

Proximidades de Huíla – visita a um "e'umbo", sanzala a nível familiar

Situado perto da missão católica da Huíla, onde se via uma igreja claramente grande demais para a importância da povoação.

Na região haveria uns 50 cristãos e cerca de 50 "gentios"; estes criavam gado que trocavam por vinho.

Espetáculo de dança por encomenda (Fot. 38), com toda a gente embriagada (uma vergonha).

Alguém comentou: "é triste que tudo esteja pior do que antes da chegada dos brancos".

Diz-se que, no princípio bebiam apenas vinho de massambala, agora bebem mistelas a que chamam tinto e que, além de vinho tinto, têm bastante alcoól a 90º e água.

Alguns, que já falam um pouco de português, trabalham em Sá da Bandeira – "o dinheiro que ganham é para comprar a fuba e o peixe e vinho para todos".

Segundo a informação de um rapaz que ia casar em novembro e estava na sanzala para construir a sua casa, é costume os comerciantes virem com os seus jeeps trazer vinho e trocá-lo por vacas (12).

O catequista é absolutamente segregado da vida do grupo; diz:

- "quando estão a comer um boi, escondem-no porque eu não o posso comer".

- "os rapazes tiveram a sua festa na semana passada, estão no mato e só regressarão daqui a uns tempos" (houve a circuncisão, que é feita a vários rapazes de diferentes idades),

- "a agricultura é fraca".

Cultivam milho, mas o terreno, onde por vezes aflora laterite, dá pouco.

Também cultivam massambala.

Fot. 38 – "E'umbo" próximo de Huíla – preparando para a dança.

Lubango (antiga Sá da Bandeira)

Comentário

Nada consta no caderno sobre a cidade, para além de um corte muito fraco e incompleto para frisar que o centro está numa área plana na base de uma vertente encimada por quartzitos aplanados, terminando numa cornija onde foi colocada uma imagem do Cristo-Rei.

Da cidade ficou uma recordação de um ambiente calmo, graças à conjugação de um espaço urbano agradável e um tempo africano, com nítido choque civilizacional entre uma população branca europeia, com algum bem estar económico, e uma população negra dominante, mas etnicamente variada, até com casos de grande orgulho pelos seus costumes e tradições, especialmente, no respeitante a penteados, colares, pulseiras e peitos nus, algo que ainda não tínhamos visto em qualquer outra cidade.

3. Lubango (antiga Sá da Bandeira) – Namibe (antiga Moçâmedes)

Umbia e Serra da Chela

Enorme comboio de minério (vazio) parado na estação de Umbia a preparar-se para vencer a Serra da Chela (Fot. 39)

Granitos pré-câmbricos de grão grosso, muito alterados, por vezes, nas vertentes; superiormente a eles estão os quartzitos também pré-câmbricos.

Escarpas abruptas, vertentes que denotam modernidade, marcadas pelos ravinamentos.

Fot. 39 – Serra da Chela, antes da construção da estrada. Em baixo, Umbia e um extenso comboio de minério.

Bibala (antiga Vila Arriaga)

Comparando com a área de Lubango, onde a diferença de altitude para o planalto da Humpata pouco passa dos 300 metros, aqui, a diferença de altitude entre o planalto de Bimbe e Bibala quase atinge 1400. A Serra da Chela é imponente (Fig. 18).

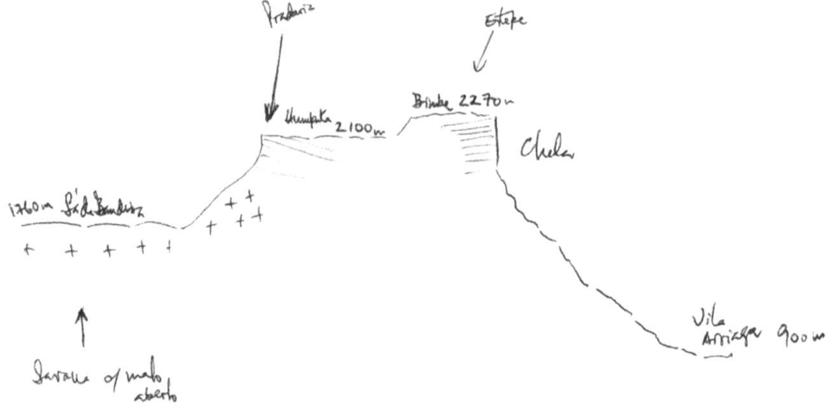

Fig. 18 – Tentativa de ligação do relevo da área de Lubango com o da área de Bibala.

Vista de longe, a escarpa da Serra é mais complexa do que a escarpa na área da Tundavala. Também existe uma cornija de quartzitos superiores aos granitos, mas tanto há formas de pormenor a várias cotas nos quartzitos, como, por vezes, estes desaparecem. Um entalhe na parte superior apresenta-se com forma dissimétrica, parecendo que as cotas do lado mais abrupto são mais elevadas (Fig. 19). Falha?

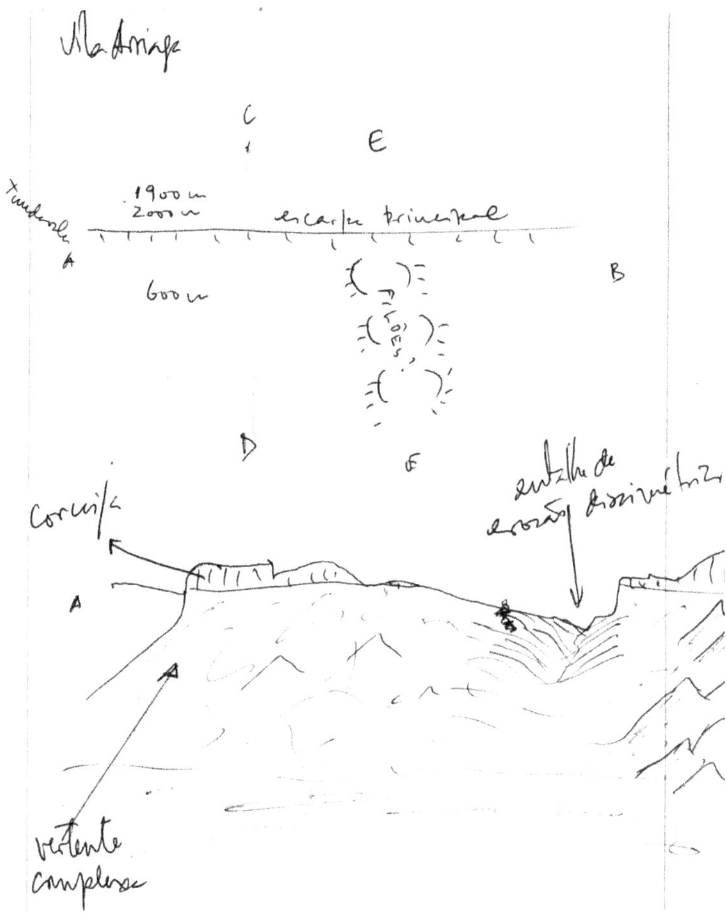

Fig. 19 – Em cima, esquema geral da escarpa desde a área da Tundavala (A).
Em baixo, escarpa da Serra da Chela vista de frente, em pormenor,
desde a área de Bibala.

A tectónica está presente, a escarpa está bastante falhada, e, inclusi-
vamente, vão aparecer filões de doleritos e de outras rochas básicas não só
perpendiculares à escarpa, como paralelos a ela (Fig 19, em baixo, à direita).

Há muitas colinas, mas, sem um ângulo de base nítido, não se pode
falar de "inselbergen" (Fig. 20).

Na base, pode falar-se numa savana arbustiva degradada com alguns
imbondeiros.

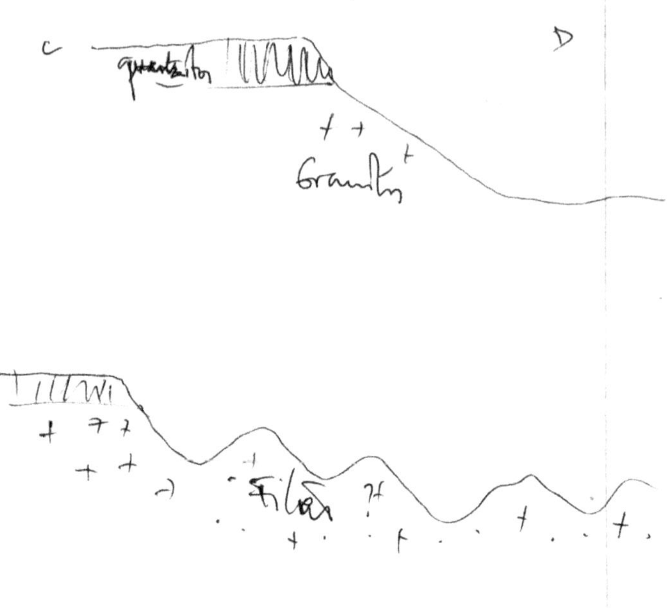

Fig. 20 – Cortes transversais à escarpa, indicados no esquema geral apresentado no cimo da Fig. 19.

Proximidades do Posto Experimental do Caraculo

Relevos salientes isolados emergindo de uma área plana (Fot. 40).

Relevo saliente dissimétrico desenvolvido a partir de um filão de rocha básica.

"Inselberg" com escombreira basal, em granito, parecendo em perfeito equilíbrio com o clima atual (Fot. 41).

Mais adiante, vários "inselbergen", em granito.

Um deles apresenta grandes bolas de granito em cima e escombreiras na base (Fig. 21). Nota-se que a alterite foi desaparecendo, ficando a parte da rocha menos alterada. Vê-se também escamação na vertente. O grande problema que se coloca é saber se se trata de uma fase final ou se será uma fase inicial de formação de grandes "inselbergen". A rocha alterada foi desaparecendo. O "inselberg" vai saindo da matéria envolvente. O grande problema que se coloca é o de saber se esta é uma fase final ou se é a fase inicial da formação de um grande "inselberg".

Em termos biogeográficos temos a estepe arbustiva e arbórea, sendo que as árvores são baixas, estando como que semeadas em zona de estepe (herbáceas rasteiras).

Observam-se grandes demarcações para pastagens de gado a explorar por europeus, o que, diz-se, estará já a criar uma certa tensão entre a população local, que não pode utilizar os pastos das terras baixas, e a população europeia, que lhos vem tirar.

Fot. 40 – Relevos salientes de diferentes tipos na área do Posto Experimental do Caraculo.

Fot. 41 – Parte de um relevo saliente do tipo "inselberg", que parece encontrar-se em equilíbrio com o clima atual (13).

Fig. 21 – Esquema de um "inselberg" em formação (?) na área próxima do Posto.

Proximidades de Namibe (antiga Moçâmedes)

A cerca de 40 km de Namibe observa-se o contacto dos granitos com os materiais sedimentares, xistentos e gresosos (Fig. 22).

Mais adiante, há rochas do tipo brecha vulcânica.

Entretanto, a vegetação estépica é rala e deixa de ter arbustos e árvores. Aparecem odres do deserto.

Ainda antes de chegar a Moçâmedes, circula-se sobre uma área aplanada com estepe muito árida e vê-se um vale encaixado de fundo achatado, com vegetação arbustiva, sobre areias, com pequenos espaços de água estagnada, um verdadeiro oásis.

Fig. 22 – Corte resumo da aproximação a Namibe – entre os vários relevos salientes isolados, a Serra da Lua, em calcários marmóreos, um dos filões doleríticos, um dos "inselbergen" e, por fim, a estrutura sedimentar.

Namibe (antiga Moçâmedes)

Junto ao terminal mineiro vêem-se blocos de arenitos duros deslizantes abaixo da cornija donde provêm. Há uma evolução por recuo da vertente, tipo considerado caraterístico do clima árido.

Observando o terminal mineiro deduz-se a importância da tonelagem de ferro carregada, o que se confirma a seguir, na visita.

Cada barco pode carregar uma média de 3000 toneladas por hora – vêm barcos para carregar desde 10 até 100 toneladas.

Há apenas uma ponte de carregamento, o que se considera suficiente.

Há dois sistemas de descarga de vagões e são precisos mais – 1 estava já encomendado.

Chegam uns 20 comboios por dia das minas da Cassinga e da Jamba, situadas a cerca de 600 e 700 km, respetivamente.

O minério tem perto de 64% de teor de ferro – vai na sua maior parte para o Japão, mas pensa-se que poderá começar a ser exportado mais para a Alemanha.

Os comboios de minério precisam de duas máquinas para subir a Serra da Chela.

Paisagens de grande aridez na área de Namibe

Vale aberto, com o fundo juncado de pequenos picos em xistos – ao longe parece uma "paisagem lunar" (Fig. 23).

Vales de fundo plano com vegetação baixa e pouco densa, contrastando com aplanamentos sem vegetação visível à distância (Fig 24).

Fig. 23 – Vale aberto com picos xistosos. Legenda: 1 – xistos; 2 –"pó" de alteração dos xistos por ação do sal existente no ar húmido; 3 – cornija calcária com calhaus rolados de quartzito e não rolados de quartzo; 4 – superfície aplanada com calhaus.

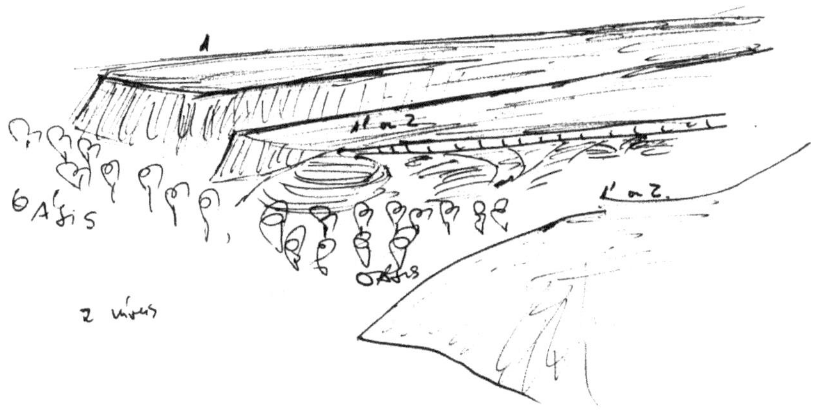

Fig. 24 – Oásis no fundo de vales encaixados em superfícies aplanadas (1 e 2) ou apenas numa superfície deslocada por falha (1 e 1').

Vale do Bero

O leito totalmente de areia contacta bruscamente com a parede vertical, que apresenta uma pequeníssima escombreira (Fot. 42).

A imobilidade das vertentes é antes de mais o resultado da "incompetência" do rio.

As condições climáticas modificaram-se – o rio abriu o vale (encaixe wurmiano), mas posteriormente veio a tornar-se "incompetente".

O rio corta o contacto entre o basalto e o conglomerado (semelhante ao do Dondo), pós-Karroo.

Fot. 42 – Em equilíbrio com o clima muito árido, o Bero, por regra, não tem caudais que possam movimentar escombreiras na base da vertente.

4. Namibe-Tômbua (antiga Porto Alexandre)-Namibe

Deserto do Namibe

A estrada corre pelo deserto, a pouca distância do mar.

Ao km 20 vêem-se 3 cabras de leque, correndo.

A vegetação é claramente de deserto litoral (Fot. 43).

Ao km 59, faz-se uma paragem para observar a Welwitshia mirabilis (Fot. 44).

Solo do deserto, argiloso juncado de calhaus de 3 a 5 cm de espessura predominantemente de quartzo. Há muitos outros calhaus de tamanhos

96

variados de rochas xistentas, duras, quartzosas e basálticas com retoque eólico, mas sem rolamento.

A matriz argilosa torna-se mais abundante a 5 -10 cm de profundidade.

Era de manhã, havia uma certa frescura no ar e alguns calhaus estavam molhados com orvalho.

Fot. 43 - Deserto do Namibe – vegetação típica em área pedregosa.
O martelo dá a escala.

Fot. 44 – Deserto do Namibe – "Welwitchia mirabilis".
De novo, o martelo dá a escala.

Comentário

Facto não referido no caderno de campo, talvez porque o deslumbramento foi grande e a camioneta em movimento não me permitia que escrevesse, observou-se uma miragem. O mar estava a oeste e não se via naquele momento, mas, de repente, começou a ver-se um espaço azul muito nítido a sul, no enfiamento da enorme reta da estrada; o que seria aquilo se o mar não podia ser? seria um lago? mas o lago estava lá ao fundo sempre à mesma distância, apesar da progressão relativamente rápida da camioneta. Entretanto, umas ligeiras curvas da estrada e aquele belo espaço azul desaparece. Uma miragem. Para quem nunca tinha visto nada de semelhante, mesmo lembrando-se de ter estudado o fenómeno no liceu, foi uma experiência extraordinária.

Comentário

Não ficou registado no caderno de campo, mas ficou registado na memória – os que se auto-intitulavam "livres", referiam-se aos contratados como "escravos".

Percurso realizado (Mapa 3):

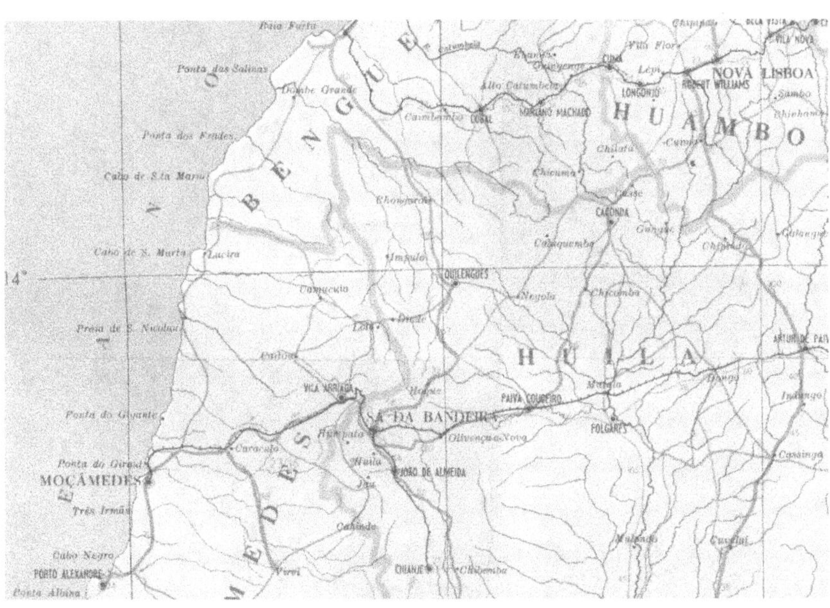

Mapa 3 – Percurso Huambo (antiga Nova Lisboa) – Lubango (antiga Sá da Bandeira) – Namibe (antiga Moçâmedes) – Tômbua (antiga Porto Alexandre)

Notas

(12) Este facto é considerado como motivo para a diminuição do número de cabeças de gado entre os muílas e relaciona-se com a proibição de fazerem vinho de massambala (Raquel Soeiro de Brito, 1970, p. 77-78)

(13) Na área do Posto Experimental do Caraculo está-se já quase à latitude de Namibe (antiga Moçâmedes), embora a algumas dezenas de quilómetros para leste. A leitura dos mapas de isotérmicas e de isoietas da "região de Moçâmedes", extraídas da Carta Geral dos Solos de Angola e publicadas por Ilídio do Amaral (1985, p. 5), permite apontar para temperaturas médias anuais de 24º C e precipitação anual média entre os 100 e os 200 mm o que leva a pensar num clima atual entre o tropical seco e o desértico litoral. A faixa costeira entre Namibe e Tômbua aparece com a temperatura média anual de 20º C e a precipitação anual média entre 50 (Namibe) e 20 mm (Tômbua), tendo, claramente, clima desértico litoral.

(14) "*Quimbares*, nome por que os designam Brancos e Pretos e que a si próprios dão" (....) "Também se têm por *Quimbares* os indivíduos de quaisquer etnias, que, separados delas e em região de Quimbares, vestem como estes à portuguesa e falam português" (M. Viegas Guerreiro, 1971, p.97-98).

CAPÍTULO V
DO DESERTO DO NAMIBE A LUANDA

V – Do Deserto do Namibe a Luanda

1. Namibe - Ganda (antiga Mariano Machado)

Comentário

Tanto quanto me posso recordar, o regresso de Tômbua fez-se pela mesma estrada, pelo menos até à área do Lubango. No caderno de campo nada consta salvo uma referência a Caluquembe, perto de Caconda, onde já não se passou.

Escarpa nas proximidades da Ganda: de um planalto à volta dos 1700 m de altitude, a Serra sobe até aos 2000 para descer uns 800 (Fig. 25).

Na base corre um pequeno rio com terraços baixos encouraçados (Fig. 26).

Fig. 25 – Perfil do relevo na área da Ganda (15).

Fig. 26 – Perfil transversal de um rio observado na área da Ganda (15).

Comentário

Embora também nada conste no caderno, tenho com muita clareza na memória a descida da escarpa (Fig. 27) em direção à Ganda (antiga Mariano Machado, que já nessa época era mais conhecida por Ganda), numa estrada mais fraca do que habitualmente, com muitas curvas e muito arvoredo. De repente, numa das curvas, cruzámos com um jeep Land Rover da Polícia de Segurança Pública, uma patrulha semelhante a qualquer outra patrulha nos arredores de uma qualquer cidade.

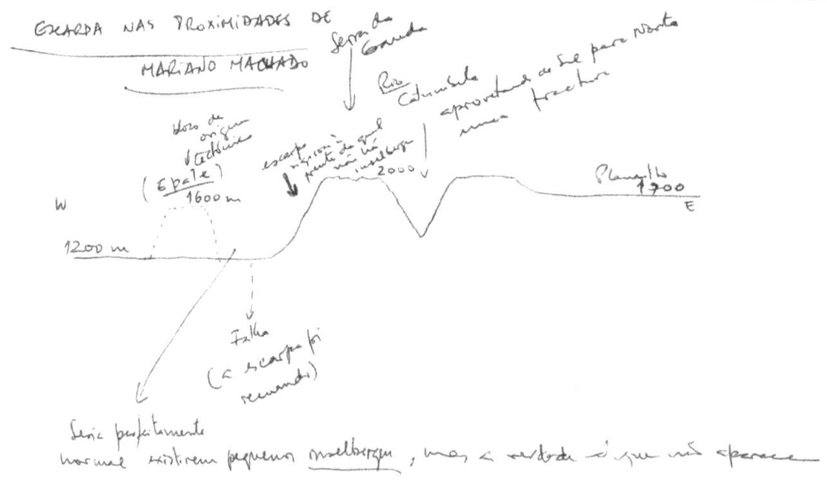

Fig. 27 – Apontamentos em torno do perfil desenvolvido a partir do da Fig. 25.

Ganda

Estação de caminho de ferro de Benguela (CFB), aproximadamente a meio do trajeto Benguela-Huambo.

Ruas retilíneas, perpendiculares entre si e largas.

Algumas casas no velho estilo colonial.

Trovoada toda a noite, muita chuva.

A norte da saída para o Cubal, alinhamentos vulcânicos post-Karroo, encontrando-se filões, chaminés e tufos.

2. Ganda - Benguela

Ganda-Cubal

Importantes campos de sisal e "inselbergen" (Fot. 45).

Observação de processos de pormenor em "paredes" de "inselberg" – escamação e desagregação química (Fot. 46).

Observação de 2 "orissangas", uma com 50 e outra com 40 cm de diâmetro – pequenas bacias onde se acumula água, se fazem solos e se organiza dissolução química.

Fot. 45 – Proximidades do Cubal – campo de sisal e relevos salientes do tipo "inselberg".

Fot. 46 – Proximidades do Cubal – base da vertente de um "inselberg".

Fazenda Marco de Canavezes

Extensão – 7000 hectares.

Predomínio da produção de sisal.

Secagem do sisal (Fot. 47).

Fábrica completa de sisal.

950 empregados diários.

5000 habitantes, umanhas (ramo de muílas) e umbundos.

Ordenados considerados baixos – 10 a 20 escudos por dia, mais alimentação.

Fot. 47 – Secagem do sisal na Fazenda Marco de Canavezes.

"Inselbergen" do Cubal

Ao contrário do que diz Lester King, estes "inselbergen" aparecem afastados da escarpa.

Podem ser considerados "portas do litoral".

Não estão juncados de calhaus em cima; alguns têm knick, outros não (Fig. 28).

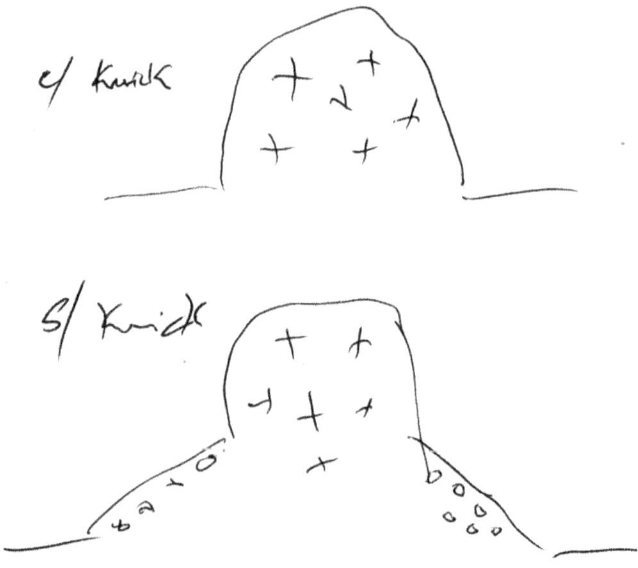

Fig. 28 – Esquema de campo dos dois tipos de "inselberg" mais frequentes na área.

3. Benguela - Lobito

Vale do Cavaco (apontamentos da apresentação feita no local por Lucília Gouveia)

Área agrícola com 4000 hectares.

O Rio Cavaco só corre em março e abril, às vezes também numa dúzia de dias em enxurrada em dezembro.

O vale é regado com água do subsolo.

Os terrenos são argilosos, por vezes, arenosos.

A água encontra-se a 12-18 m de profundidade; perto do rio está apenas a 2 m.

Por falta de água por vezes cultiva-se o algodão.

Pratica-se a policultura com dominância de bananeiras, mas com toda a espécie de produções temperadas de tipo hortícola.

600 hectares pertencem à Sociedade Agrícola do Cassequel, cerca de 200 hectares não são cultivados por falta de água.

Chove muito pouco, 100-150 mm de precipitação anual média.

A banana exporta-se na maior parte para a "metrópole". No cacimbo há 2 barcos por mês (cerca de 750 toneladas). Na época das chuvas há 3 barcos e pensa-se em aumentar para cerca de 1100 toneladas cada.

A mão de obra vem de Caconda e de Caluquembe (área entre o Huambo e Lubango, no limite norte da Huíla).

As mulheres ganham cerca de 10 escudos por dia, a seco (o que, comparando com outros casos já referidos, é manifestamente pouco).

Há propriedades registadas de 1871, que dizem ter sido utilizadas no algodão.

Hoje interessam mais as hortas, as bananas e as batatas.

Há três anos (1966) o rio correu apenas 4 dias, o nível freático desceu de 4 a 11 metros em certos locais e chegou a pensar-se que a água do mar se infiltrasse e tornasse estéril o vale. Pensa-se, por isso, fazer uma barragem no Cubal da Hanha e barragens subterrâneas no vale do Cavaco.

A Madeira ainda exporta mais banana (27 500 ton) do que Angola (menos de 20 000).

Há semelhanças com a Horta de Múrcia.

Cerca de 170 agricultores. Cada um explora uma média de 20 hectares. A maior parte do terreno é particular, com arrendamento.

Normalmente é a família que dirige o trabalho da terra. Uma horta de 20 hectares tem cerca de 20 serventes e umas 12 a 15 mulheres para capinação ou para o trabalho da batata. Não há contratos. As mulheres vêm trazidas por familiares ou vêm quando não há trabalho na fábrica de Benguela.

A comercialização aqui está organizada por cooperativa e representantes na "metrópole" só para a banana. Pensa-se para o ano (1970) já exportar batata. Para já (1969) 100 ou 120 ton. de batata vendida, *segundo a lei da oferta e da procura, aos camionistas que vão para Luanda a 1$50 ou 1$60. Pensa-se fazer armazéns para guardar batata e cebola no sentido de regularizar os preços.*

Dos 170 agricultores apenas 50 são sócios da Cooperativa.

Em termos de Geografia Física, na margem norte do vale do Cavaco observam-se três linhas de costeiras (cuestas). O material sedimentar, que na base começa pelos grés, está disposto em monoclinal, dando um relevo de costeiras (cuestas).

Baía Farta

De Benguela para Baía Farta observam-se bem três linhas de costeiras e três áreas sucessivas de ravinamento.

A flecha que se vê avançar para norte em Baía Farta deve-se às areias carreadas da foz do rio Cocorolo pelas águas da corrente de Benguela.

Cidade de Benguela

Comentário

Nada está escrito no caderno sobre a cidade de Benguela. Mas reteve-se para sempre a imagem de um centro de cidade amplo, com avenidas largas e casarões. Alguns dos casarões, apesar de melhorias recentes, com estilo arquitetónico de há bem mais de cem anos, que, segundo se apurou localmente, poderão ter estado relacionados com a escravatura, como entrepostos. No contexto da cidade, porém, o edifício que mais se salientava era o do Palácio do Governo (Fots. 48, 49 e 50).

Fot. 49 – Benguela – casarões que poderão ter sido entrepostos de escravos.

Fot. 50 – Benguela – uma cidade com largas avenidas, espaçosa e com árvores.

Comentário

Da viagem de Benguela ao Lobito também nada consta no caderno, mas há a lembrança da estrada que corria ao lado da linha férrea e da passagem de um comboio com muitos passageiros. Há igualmente a lembrança de uma povoação muito habitada, com muita gente ao longo da estrada, já muito perto do Lobito – Catumbela.

Lobito

Comentário

Do Lobito, no caderno, há apenas um perfil que representa o relevo em escadaria desde a restinga, com a hipótese de se tratar de três níveis de praias levantadas (Fig. 29). Mas não ficaram referências a uma cidade europeia, ocupando a restinga com belos edifícios, onde os transportes coletivos chamavam a atenção pelo contraste dos autocarros – uns novos, bonitos, onde entravam brancos, uns muito velhos, onde entravam negros. Poderia ter sido uma conclusão apressada, talvez o destino dos primeiros fosse diferente do destino dos outros. Mas era muito claro que a cidade europeia estava como que cercada de salinas e bairros populares (Fot. 51).

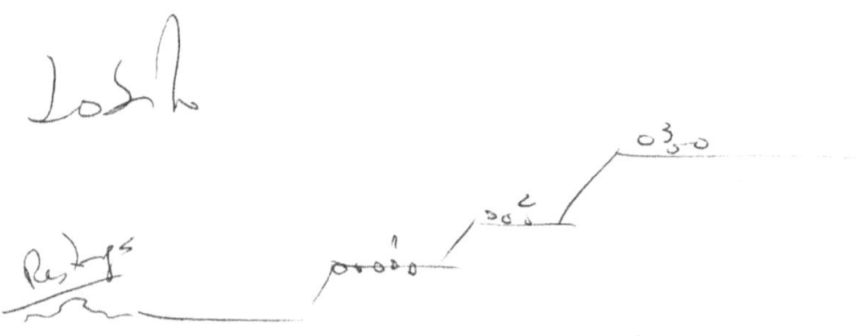

Fig. 29 – Esquema do enquadramento físico da cidade do Lobito.

Fot. 51 – Lobito. Predomínio de salinas e bairros populares. Muito ao longe, as árvores crescem nas areias da restinga.

4. Lobito – Gabela

Lobito – Sumbe (antiga Novo Redondo)

A saída do Lobito para o interior confirma a existência de terraços marinhos (praias levantadas) organizando-se como uma arriba complexa, seguindo-se uma área aplanada, com materiais rochosos sedimentares e pequenas falhas. Mais adiante, um vale dissimétrico e, logo a seguir, uma inversão de relevo, graças a uma falha entre os arenitos duros e os gneisses, em bloco saliente, mas que a erosão rebaixou com facilidade (Fig. 30).

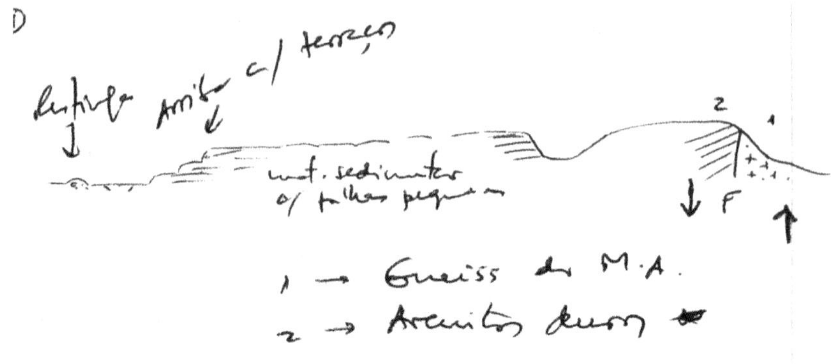

Fig. 30 – Perfil transversal e apontamentos para corte geológico do início do percurso do Lobito para Sumbe.

Uma paragem, a sul do Rio Balombo, permitiu observar a barreira da estrada (Fig. 31). Aí se observaram "stone lines", uma delas, muito típica de zonas tropicais: uma película de solo [1], que poderá ter tido origem na destruição de termiteiras, assenta sobre uma "stone line" praticamente horizontal, correspondendo a um depósito de tipo "raña", muito casca-lhento, denotando um pequeno transporte e apresentando alguns calhaus mais arredondados do que outros [2]; para baixo, segue-se um manto de alteração [3] e a rocha "in situ" [4]. Atravessando obliquamente a rocha "in situ" e o manto de alteração observa-se um filão de quartzo começando a fragmentar-se dando calhaus de vários tamanhos, alguns já mostrando algum boleamento – trata-se de uma "stone line" em formação, ainda sem ter sido movimentada, mas tendo sofrido erosão química, com mobilização de sílica.

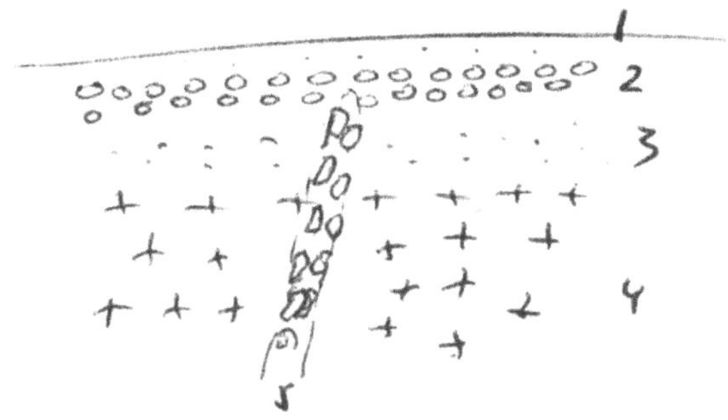

Fig. 31 – Pormenor da barreira de estrada a sul do Rio Balombo.

Ainda a sul do Rio Balombo observaram-se palmares e imbondeiros (Fot. 52), bem como catos candelabro.

Mais para norte, muito perto de Sumbe, a área da foz do Quicombo mostra um regolfo abrupto, preenchido com areias onde se abre o canhão do Quicombo (Fig. 32 e Fot. 53)

Parece tratar-se do rejogo de uma falha com a formação de escarpa e a consequente formação do canhão do Quicombo, talhado em arenitos alternando com calcários.

Fot. 52 – Palmar (à esquerda) e imbondeiros (à direita), perto do rio Balombo.

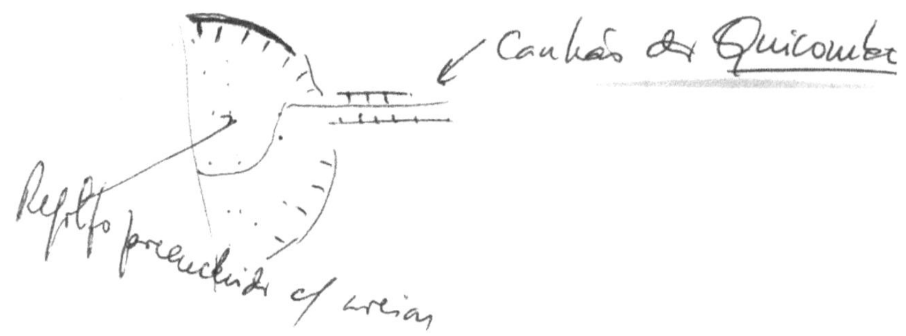

Fig. 32 – Canhão e foz do rio Quicombo.

Fot. 53 – Canhão do rio Quicombo, muito perto da foz.

Comentário

No caderno não há referências a Novo Redondo, tal como não foram retidas imagens, nem ficaram lembranças. A cidade já então era relativamente importante, tendo uma extensa praia. No entanto, a estrada passaria um pouco afastada do centro e da praia, o que pode ter sido o motivo para que a viagem continuasse em direção à Gabela sem paragem na cidade.

Sumbe-Gabela

Comentário

A norte de Sumbe, porém, havia pormenores interessantes na área da Geografia Física para observar – de novo os catos candelabro (Fot. 54), mas também uma dobra em gesso, correspondendo a uma estrutura diapírica (Fot. 55).

Fot. 54 – Catos candelabro, a norte de Sumbe (antiga Novo Redondo).

Fot. 55 – Em área diapírica, a norte de Sumbe, pormenor de uma barreira com gesso.

Na baixa do Queve observam-se campos de algodão explorados por fazendeiros negros com a assistência do organismo oficial.

Logo a seguir, encontra-se um meandro do Queve (Fot. 56) e a montante estão as "cachoeiras", também chamadas "quedas" (Fot. 57), mas que se assemelham mais a rápidos, quando vistas de cima (Fig. 33 e Fot. 58).

O rio corre explorando o contacto entre o maciço antigo (margem esquerda) e o material sedimentar (margem direita).

A cerca de 30 km da Gabela, há depressões salgadas com afloramentos de gneisses, quartzos e rochas graníticas, orientadas paralelamente à escarpa (saliências de menos de um metro, parecendo miniaturas de "inselbergen".

Fot. 56 – Meandro do rio Queve, entre Dumbe e Gabela.

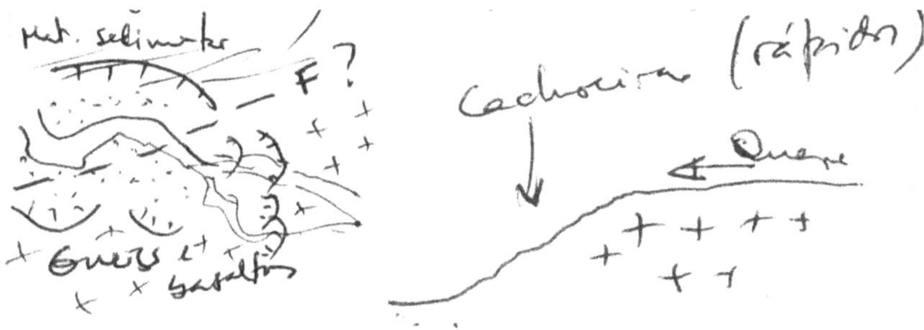

Fig. 33 – Cachoeiras do Queve. À esquerda, esboço geomorfológico de campo; à direita, perfil longitudinal.

Fot. 57 – Cachoeiras do Queve, vistas de frente, de jusante para montante.

Fot. 58 – Cachoeiras do Queve, vistas de cima, de perto e em pormenor.

Gabela

A 3 km da Gabela, visita à Fazenda Boa Entrada, integrada na CADA SARL, Companhia Angolana de Agricultura (apenas 3 acionistas principais):

- café – produção em 1962, 12000 ton; em 1969, apenas 10000;

- 20 escudos por dia e comida é o máximo de salário para um africano;

- até 1961 não havia africanos no quadro – em 1969, havia 50;

- Caixa de Reforma privativa, com imóveis no valor de 7 mil contos;

- os contratos de exportação eram feitos na metrópole; o principal comprador de café era a Holanda; o óleo de palma ia principalmente para a metrópole.

5. Gabela – Luanda

Gabela-Quibala

A 47 km da Quibala, Sanzala de Reordenamento Rural:
- mulheres batendo o milho com um pilão especial, curto e curvo, em cima de uma eira natural em granito (Fot. 59),
- depois de batida a farinha, ainda muito grosseira, é peneirada num crivo,
- a palavra crivo foi adotada em quimbundo,
- um homem entrevistado diz ter duas mulheres, cada qual com 5 filhos.

A 10 km da Quibala

Cemitério indígena, tendo no 1º plano as sepulturas atuais e no 2º, na encosta, dificilmente identificáveis à distância, as sepulturas tradicionais antigas (Fot. 60).

Antes do Dondo, perto de Lussusgo, observa-se de perto, uma quei-mada (Fot. 61).

Em Massangano (Vale do Quanza) parecia ver-se um grupo de hi-popótamos (Fot. 62).

Fot. 59 – Sanzala do Reordenamento Rural, entre Gabela e Quibala. Mulher prepa-rando farinha. Ilídio do Amaral fotografa a tarefa.

Fot. 60 – Cemitério indígena perto de Quibala: sepulturas recentes em primeiro plano.

Fot. 61 - Proximidades de Lussusgo (a sul do Dondo) – queimada.

Fot. 62 – Vale do Rio Quanza, em Massangano. Ampliando a fotografia,
confirma--se que alguns hipopótamos são visíveis em pleno rio,
no canto do lado direito.

Comentário

Talvez por cansaço ou talvez por se estar a repetir uma paisagem que
tinha originado tantos apontamentos, atendendo a que se tratava de uma
primeira impressão de regiões tropicais, não há mais registos no caderno
de campo.

No entanto a espera de dois dias pela viagem de regresso a Lisboa permitiu
fazer mais algumas observações em Luanda.

Luanda

*De novo em Luanda, pouco mais se viu na cidade e seus numerosos
muceques (16). Mas houve a hipótese de viajar por barco até ao Mussulo
(Fot.s 63 a 66). Tanto na ida como na volta foi possível ver ao longe o
incêndio que já se fazia sentir há vários dias (ou semanas?) numa pla-
taforma petrolífera na área da foz do Quanza.*

Fot. 63 – A caminho do Mussulo. Canoa com pescadores.

Fot. 64 – Vista de uma praia no Mussulo.

Fot. 65 – Canoas do Mussulo.

Fot. 66 – Vista da extremidade do Mussulo – floresta de mangal.

Percurso realizado (Mapa 4):

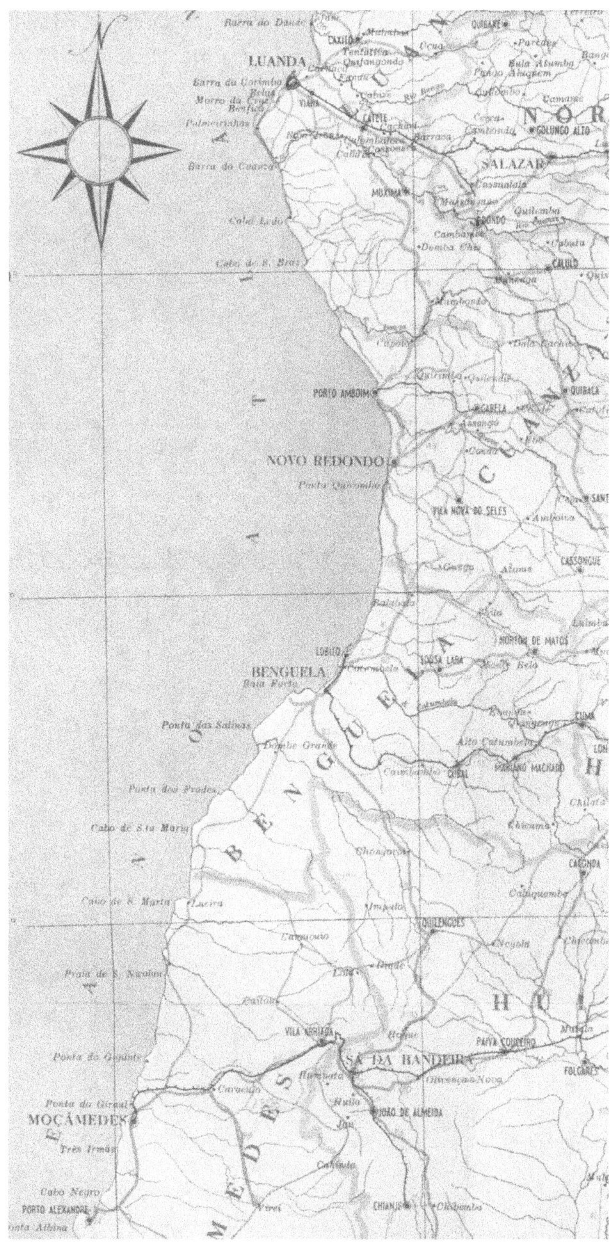

Mapa 4 – Percurso Deserto de Namibe – Benguela – Luanda.

Notas

(15) Os cortes que constituem as figuras 25 e 26 foram desenhados no caderno por Ilídio do Amaral, na camioneta em andamento, a propósito da explicação das caraterísticas do relevo nas proximidades da Ganda.

(16) Luanda, com os seus muceques, já era uma grande cidade em 1969. A sua população total, "segundo os apuramentos provisórios do recenseamento demográfico de 1970", era de 475 328 habitantes. Tinha então 14 muceques onde habitavam 160 985, "perto de 34%" daqueles quase 500 mil habitantes (Ilídio do Amaral, 1983).

Jovem geógrafo, ou como dizia Alfredo Fernandes Martins, jovem "aprendiz de geógrafo", tive a oportunidade de visitar uma pequena, mas significativa parte de Angola (Fig. 34). A "guerra colonial" estava a decorrer no território, em várias frentes, no norte e no leste. Mas as ações de guerrilha podiam acontecer em qualquer outra área. Nas estradas por onde circulámos, tanto quanto me tenha apercebido, muito pouco aconteceu durante os dias da viagem.

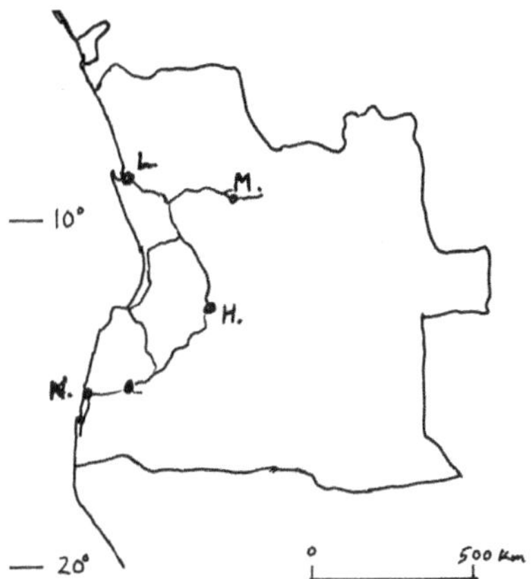

Fig. 34 – Esboço-síntese da viagem no contexto do conjunto do território angolano.
Legenda: L. – Luanda; M. – Malanje;
H. – Huambo; N. Namibe.

Pessoalmente, estava a poucas semanas de completar três anos de serviço militar obrigatório e não sabia quanto tempo mais teria de cumprir, embora pensasse que seriam mais três meses, o que na verdade aconteceu. Aproveitando o tempo de férias a que tinha direito, obtive a necessária licença militar para me deslocar a Angola. Poucos dias depois de chegar a Lisboa vi reunidos, à minha volta, alguns oficiais (tenentes-coronéis, majores, capitães) com os quais trabalhava no Estado-Maior do Exército. Em determinado momento da viagem, Ilídio do Amaral tinha dito que, num território como Angola, a Geografia Física era interessante, mas a Geografia Humana oferecia uma maior diversidade temática. Era realmente a Geografia Humana que a minha audiência queria conhecer melhor. Quase todos tinham estado em Angola, mas com outras funções – não tinham observado o que eu observei. Muito do que fica registado neste trabalho foi-lhes apresentado em primeira mão e em viva voz. Com os elementos que tinha, as conclusões eram inevitáveis – Angola não era Portugal e os portugueses tinham de tirar dessa realidade as devidas consequências. Lembro-me de ter dito isto por outras palavras, mais à artilhei-ro, atendendo às velhas tradições da Arma em que estava integrado e na qual trabalhei duramente ao longo do ano de 1967 (Cascais) até ser colocado em comissão de serviço no Estado-Maior do Exército (Lisboa).

Claro que, antes de tudo o mais, a Geografia era, desde 1965, a base da minha profissão. Se, por impedimento legal, não dava aulas na Universidade, dava aulas no ensino secundário privado, assim como fazia investigação aplicada e investigação para doutoramento. A confirmação no terreno de tantos temas anteriormente estudados e o seu aprofundamento com observações e entrevis-tas foi como que a minha primeira especialização em Geografia das Regiões Tropicais, orientada por vários Mestres.

A consciência do risco que correria ao apontar num caderno de campo cer-tas situações vividas levou a que muitas páginas do caderno não tivessem sido escritas. Quarenta e cinco anos depois, algumas das recordações dessas vivên-cias perderam força, outras perderam-se mesmo. Mas outras ainda estão aqui reproduzidas em forma de comentários ou de textos introdutórios. Felizmente, hoje, nada disso serve para despertar mentalidades. Deixou de ser necessário. A "guerra colonial" acabou (1974). Angola tornou-se um país independente (1975). Atravessou tempos muito difíceis. Mas está em paz há mais de dez anos.

BIBLIOGRAFIA

AMARAL, Ilídio do (1964) – *Santiago de Cabo Verde, A Terra e os Homens*. Lisboa, Memórias da Junta de Investigações do Ultramar, 48, 444 p.+ 71 estampas + 11 mapas e plantas.

AMARAL, Ilídio (1968) – *Luanda (Estudo de Geografia Urbana)*. Lisboa, Memórias da Junta de Investigações do Ultramar, 53, 152 p.+ 77 estampas + 4 mapas.

AMARAL. Ilídio do (1973) – "Formas de 'inselberge' (ou montes-ilhas) e de meteorização superficial e profunda em rochas graníticas do Deserto de Moçâmedes (Angola), na margem direita do rio Curoca". *Garcia de Orta*, Série Geográfica, Lisboa, 1 (1), p. 1-34.

AMARAL, Ilídio do (1983) – "Luanda e os seus "muceques", problemas de Geografia Urbana". *Finisterra*, Lisboa, 18 (36), p. 293-325.

AMARAL, Ilídio do (1985) – "Processos e formas de evolução do relevo em rochas da Orla Sedimentar do Deserto de Moçâmedes (Angola) – 1ª parte". *Garcia de Orta*, Série de Geografia, Lisboa, 10 (1-2), p. 1-40.

AMARAL, Ilídio do (2002) – "Luanda e os seus dois arcos complexos de vulnerabilidade e risco: o das restingas e ilhas baixas e o das escarpas abarrocadas". *Territorium*, Coimbra, 9, p. 89-115.

BRITO, Raquel Soeiro de (1970) – "Nótula acerca dos povos pastores e agro-pastores do distrito de Moçâmedes". *Finisterra*, Lisboa, 5 (9), p. 69-83.

DEMANGEOT, Jean (1976) – *Les Espaces Naturels Tropicaux*. Paris, Masson, Collection Géographie, 190 p.

GOUROU, Pierre (1966) – *Les Pays Tropicaux*. Quatrième édition refondue. Paris, Presses Universitaires de France, Collection Pays d'Outre-Mer, 271 p.

GUERREIRO, M. Viegas (1971) – "Vida humana no deserto de Namibe: Onguaia". *Finisterra*, Lisboa, 6 (11), p. 64-124.

OLLIER, C. D. (1983) – "Tropical Geomorphology and long-term landscape evolution". *Finisterra*, Lisboa, 18 (36), p. 203-222.

PASSARGE, Siegfried (1931) – *Geomorfología*. Barcelona, Colección Labor, 189 p.+ XX estampas.

PÉGUY, Ch. P. (1970) – *Précis de Climatologie*. 2e édition revue et remaniée. Paris, Masson, 468 p.

PEREZ-FILHO, Archimedes, CARPI JUNIOR, Salvador e QUARESMA, Cristiano Capellani (2011) – "Gestão pública e riscos ambientais relacionados a processos erosivos: caso de São Pedro, São Paulo, Brasil". *Territorium*, 18, p. 219-226 in http://www.uc.pt/fluc/nicif/riscos/Territorium/numeros_publicados.

PERVENTSEV, V. A. e DMITRENKO, V. G. (1987) – *Angola*. Moscovo, Editora "Planeta", Edições DIP Angola, 184 p.

POUQET, Jean (1966) – *Les Sols et la Géographie. Initiation Géopédologique.* Paris, SEDES, 267 p.

REBELO, Fernando (2006) – *Viagens pelo Brasil. Impressões de um Geógrafo, Memórias de um Reitor.* Coimbra, MinervaCoimbra, 191 p.+ 58 fotografias a cores extra texto.

RIBEIRO, Orlando (1981) – *A Colonização de Angola e seu Fracasso.* Lisboa, Imprensa Nacional Casa da Moeda, Estudos Portugueses, 459 p.+ 7 mapas.

THOMAS, Michael F. (1974) – *Tropical Geomorphology. A Study of Weathering and Landform Development in Warm Climates.* New York, John Wiley and Sons, 332 p.

WATTS, I (1955) – *Equatorial Weather (With Particular Reference to Southeast Asia).* London, University of London Press Ltd., 224 p.

www.ingramcontent.com/pod-product-compliance
Lightning Source LLC
Chambersburg PA
CBHW071203130726
47998CB00002B/600